2027

金榜时代30年金字纪念版

金榜时代 GLISTIME 明德·弘毅·惟精

考研数学系列

金榜时代考研数学——上岸学习包

概率论与数理统计

·基础篇·

U0651192

（数学一、三通用）

编著 ◎ 薛威

中国农业出版社
CHINA AGRICULTURE PRESS

·北京·

图书在版编目（CIP）数据

概率论与数理统计 ：基础篇 / 薛威编著． -- 北京 ：
中国农业出版社，2024．7(2025.10重印)． -- (考研数学系列).
ISBN 978-7-109-32238-7

Ⅰ．O21

中国国家版本馆CIP数据核字第2024LD8670号

概率论与数理统计 : 基础篇
GAILÜLUN YU SHULI TONGJI : JICHUPIAN

中国农业出版社出版

地址：北京市朝阳区麦子店街 18 号楼
邮编：100125
责任编辑：吕　睿
责任校对：吴丽婷
印刷：正德印务（天津）有限公司
版次：2024 年 7 月第 1 版
印次：2025 年 10 月天津第 2 次印刷
发行：新华书店北京发行所
开本：787mm×1092mm　1/16
印张：12
字数：285 千字
定价：99.80 元

无基础不数学

考研数学没有捷径，重视"三基"才是根本

考研数学考查的是什么？

参加 2027 考研的同学们，你们好，欢迎你们翻开这本书，我们将陪伴着同学们一起开启考研数学的征途。

说到考研数学复习，同学们了解数学考查的是什么吗？是数学的"三基"：基本概念、基本理论、基本方法。

基本概念是指最核心、不可替代的定义或原理，它们构成后续知识体系的基石。同学们要知道哪些概念是核心（如极限、导数、连续、矩阵），也要知道这些概念的内容是什么。要求准确理解其本质、数学表达式以及与其他概念的联系与区别。

基本理论建立在基本概念基础上的定理、公式、性质和重要结论（如微分中值定理），告诉同学们"为什么"。要求掌握其条件、结论及推导逻辑，并能灵活运用于解题。

基本方法指解决一类具体数学问题的通用的操作步骤、法则、技巧和策略。如求极限（等价无穷小替换、洛必达法则、泰勒展开）、求导数（基本公式、求导法则、复合函数求导法则）、求积分（换元法、分部积分法）、解线性方程组（消元法、克拉默法则），告诉同学们怎么做。要求反复练习熟练掌握，做到举一反三。

命题人出题考查的就是"三基"，同学们上了考场做题靠的也是"三基"，"三基"始终是我们复习的重点，所以同学们复习数学的核心就是：把"三基"复习好。

我们进行考研数学复习的方向就是：建立"三基"。首先要学好基本概念和基本理论，把知识点从点到网建立自己的知识体系构架，再运用基本方法，最终实现把知识点转化为独立做题能力。

正所谓，无基础，不数学。重视"三基"才是根本。

近些年是如何考查"三基"的？

近三年考研数学各分数段人数占比汇总

科目	数学一			数学二			数学三		
分数段	2023 年	2024 年	2025 年	2023 年	2024 年	2025 年	2023 年	2024 年	2025 年
136～150	1.15%	0.23%	0.60%	2.17%	0.59%	0.76%	6.00%	4.63%	2.22%

121~135	6.10%	2.34%	5.92%	10.40%	4.33%	1.14%	22.28%	16.80%	11.67%
106~120	16.43%	9.30%	17.22%	21.92%	13.24%	9.52%	36.02%	27.17%	42.09%
91~105	23.08%	19.36%	23.79%	24.26%	21.49%	23.28%	24.58%	27.93%	22.61%
80~90	21.96%	23.59%	20.71%	18.55%	21.97%	18.52%	8.25%	16.32%	13.52%
复试线~79	31.28%	45.18%	31.76%	22.70%	38.38%	26.48%	2.87%	7.15%	7.89%

从表格数据可以看出近几年大家的成绩波动很大,一是竞争激烈,二是试题难度波动,在此区分开考生水平差距。

考研数学的难度变化是考生们极为关注的问题,每年考研数学考试结束后,有关考研数学难不难的话题讨论就会迅速登上热搜。互联网上充斥着各种说法,有人说难,有人直言"比去年简单",也有吐槽"计算量太大做不完"的,对个人来讲,感受肯定有差异。

但从客观的角度来看,数学科目主要考查的一直都是基础知识和应用能力,即"三基"。

1. 整体难度波动性加大,趋于"灵活"而非单纯"难"

告别"大年小年"简单交替,以往可能一年难一年简单相对规律。近几年(尤其是近五年)难度波动更无规律可循,出现连续偏难或难度跳跃的情况。这使得仅凭"大年小年"预测风险增大。

"灵活"成为关键词。单纯靠刷题、背套路就能得高分的时代逐渐过去。命题更倾向于考查对基础概念、原理的深刻理解和灵活运用能力。

2. 对基础概念、定义的考查更加深入和"刁钻",重视"三基"才是根本

题目更倾向直接考查考生对概念本质的理解,或者利用概念理解上的模糊点设置陷阱。题目包装新颖:用看似陌生的背景或表述,但核心考点仍是基础知识点。"冷门"考点或定理出现频率增加,要求复习覆盖面更广、更细致。

3. 计算能力要求持续高位

计算量大、过程复杂的题目是增加区分度的重要手段。能否在高压的考场场景下快速、准确地完成大量运算是关键。

高数中的求极限、求导、重积分、级数求和,线性代数中的矩阵运算、特征值特征向量求解、概率中的复杂分布求解等是计算能力的"高难度区",部分题目过程繁琐,对计算准确性和速度要求严格。同学们平时做题就有畏难偷懒的情形,训练也不够。

4. 应用型、综合性题目比例上升

综合性增强:一道题融合多个知识点或多个章节的内容(如极限与积分结合、中值定理证明与不等式结合)。题目更注重考查利用数学工具解决实际问题的能力,或不同知识的交

叉应用。证明题对逻辑推理、构造能力的要求更高,不局限于经典证明模式。

5. 区分度更加依赖于"中档题"和"难题"

基础题(送分题)比例相对稳定,但不足以拉开差距。中档题是主体,也是大部分考生得分的关键区域。近年中档题往往设计得更灵活、综合性更强。

难题/压轴题的难度和区分度依然很高,通常是概念深度、思维灵活性和计算复杂度的综合考验。

复习策略与方法建议

针对上述考研数学命题的特点和趋势,我们建议同学们复习时应重视以下几点:

1. 根基务必打牢:基础概念、原理的深度理解是核心

回归基础认真研读基础篇的内容,对照考试大纲(每章开始有本章考点),确保无知识盲点。特别关注那些看似简单但容易混淆的概念(如极限存在、连续、可导的关系;矩阵等价、相似、合同的区别;事件独立与互斥的关系)。

不能为了刷题而刷题。做题前,确保对相关章节的定义、定理、公式的来龙去脉、适用条件、几何/物理意义有清晰深刻的理解。多问"为什么"。

构建知识网络:用思维导图等方式将知识点联系起来,理解它们之间的关联。思考如何将知识点融合起来解题。

2. 提升思维灵活性与解题能力:从"模仿"走向"思考"

精做例题,从"模仿"开始,注重分析题目考点、研究解题思路(考了哪些知识点?基本的方法是什么?)。总结常见陷阱和易错点。对错题和难题进行深度复盘,思考自己卡壳的原因(是概念不清?思路不对?计算失误?)。尝试一题多解:对于典型题目,尝试用不同方法解决,锻炼思维的灵活性和对知识掌握的全面性。重视证明题:不要回避证明题,基础阶段只理解经典证明的逻辑,尝试自己推导。练习构造反例或利用已知定理进行推理,注重逻辑的严谨性。

3. 强化计算能力:速度与准确度并重

刻意练习:针对计算量大的题型(积分、偏导、矩阵运算、概率中的复杂分布求解等)进行限时、独立的专项训练。保证每天都有一定量的计算练习。

注重计算过程:书写规范、步骤清晰,避免跳步。养成良好的演算习惯,便于检查和减少低级错误。合理规划草稿纸,保持清晰,方便回查。

总结计算技巧:积累常用的计算技巧和简化方法(如对称性、奇偶性、特定公式、变量替换等)。

4.拓展视野,覆盖"冷门"考点

全面复习,不留死角:严格依据考试大纲,对所有知识点进行复习,不能抱有侥幸心理放弃某些"非重点"。近年命题常有"出其不意"之处。

关注书中的"边角料":例题、注、补充说明有时会包含重要信息或"冷门"考点。

5.加强综合应用能力的训练

不能一直停留在练习基础题简单题上,所练习的题目正确率达到85％,就可以考虑提高训练难度,做综合性强的题目:选择那些融合多个知识点的练习题和模拟题进行训练。推荐历年真题真刷基础篇。

6.模拟实战,提升应试策略与心理素质

定期全真模拟:使用近年真题或高质量模拟卷,严格按照考试时间(3 小时)进行模拟考试,营造考场氛围。金榜在线模考,欢迎届时参加。

时间管理训练:在模拟中摸索适合自己的时间分配策略。建议:选择填空控制在60～75分钟,解答题留足时间(尤其最后几题)。学会果断取舍,对于卡壳超过 5 分钟的题目,先做标记跳过。

心态调整:模拟考试中锻炼应对难题、计算失误的心理承受能力。培养"即使题目难,也要把会做的做对"的稳定心态。考后认真分析模拟结果,不仅是分数,更要关注时间分配、错误类型、策略得失。

考研数学的难度趋势是更加注重基本功的深度和知识运用的灵活性。同学们不要对不确定的考试难度过于焦虑,而更应该将精力集中在夯实基础、提升思维能力和加强计算上。以扎实的内功去应对任何形式的考题,才是最科学的复习思路。

考研数学一、二、三的共同点与区别

考研数学一、二、三的共同点	
满分	150 分
考试时间	3 小时
答题方式	闭卷、笔试
题型题量	选择题:10 小题,每小题 5 分,共 50 分 填空题:6 小题,每小题 5 分,共 30 分 解答题(证明题):6 小题,共 70 分
基础核心	函数极限、一元微积分、多元微积分、微分方程、 矩阵向量、线性方程组、特征值特征向量、二次型

区别	数学一		数学二		数学三	
考研数学一、二、三的区别						
分值分布	高等数学	86分	高等数学	118分	微积分	86分
	线性代数	32分	线性代数	32分	线性代数	32分
	概率论与数理统计	32分	概率论与数理统计	不考	概率论与数理统计	32分
难度深度	考试内容广泛、综合性强		总体难度较数学一小,高数部分考试内容少,考题多,考查细,出题有深度,能全覆盖高数的每章重点内容		内容和难度较数学一小	
高数	第一章 函数、极限、连续		同数学一		同数学一	
	第二章 一元函数微分学		同数学一		其他同数学一 (不考:参数方程求导、曲率,单独考:经济应用)	
	第三章 一元函数积分学		同数学一		其他同数学一 (不考:平行截面面积为已知的立体体积、平面曲线的弧长、定积分物理学上的应用)	
	第四章 向量代数和空间解析几何		不考		不考	
	第五章 多元函数微分学		其他同数学一 (不考:多元函数微分学的几何应用、全微分形式不变性)		其他同数学一 (不考:多元函数微分学的几何应用、全微分形式不变性)	
	第六章 多元函数积分学		其他同数学一 (不考:三重积分、曲线积分与曲面积分)		其他同数学一 (不考:三重积分、曲线积分与曲面积分)	
	第七章 无穷级数		不考		其他同数学一 (不考:傅里叶级数)	
	第八章 常微分方程		其他同数学一 (不考:伯努利方程、欧拉方程、全微分方程)		其他同数学一 (不考:伯努利方程、可降阶的二阶微分方程、欧拉方程、全微分方程,单独考:差分方程)	

线代	第一章 行列式	同数学一	同数学一
	第二章 矩阵	同数学一	同数学一
	第三章 向量	其他同数学一 （不考：向量空间）	其他同数学一 （不考：向量空间）
	第四章 线性方程组	其他同数学一 （不考：解空间）	其他同数学一 （不考：解空间）
	第五章 特征值与特征向量	同数学一	同数学一
	第六章 二次型	同数学一	同数学一
概率	第一章 随机事件和概率	不考	同数学一
	第二章 随机变量及其分布		同数学一
	第三章 多维随机变量及其分布		同数学一
	第四章 随机变量数字特征		同数学一
	第五章 大数定律和中心极限定理		同数学一
	第六章 数理统计基本概念		同数学一
	第七章 参数估计		其他同数学一 （不考：无偏性、有效性、一致性、区间估计）
	第八章 假设检验		不考

本表格中章节顺序依据考试大纲数学一，其他教材可参考

USER MANUAL
使用说明

当你踏上考研数学的征途时,我们想与同学们分享一个朴素却至关重要的道理:考研数学的较量,始于基础,成于基础,最终决胜于基础。在浩瀚的题海与纷繁的技巧面前,最容易被忽视,却又最为关键的,恰恰是对基本概念、原理和方法的扎实掌握。

成于基础,决胜于基础

《概率论与数理统计·基础篇》是专门为准备参加硕士研究生入学考试而提前复习的大二大三学生、在职考研人士及基础薄弱的同学们编写的。本书阐述了考研数学概率论与数理统计部分要求的基础知识内容。希望本书能够帮助同学们在短时间内厘清考研数学概率论与数理统计部分的基本知识点,掌握硕士研究生入学考试所必需的基本概念、基本理论和基本方法,让数学基础薄弱甚至零基础的同学能有一个较大的水平提升和能力上质的突破,实现"基础过关"。

从编者多年的考研辅导经验来看,许多同学在开始复习时存在着对基本知识点有所遗忘和没掌握的现象,所以本书的首要目标就是回顾基础知识,使大家能够更好地完成0基础~基础阶段的学习。

其次是,整合考试内容,为同学们呈现简明扼要的知识点和方法归纳,便于大家高效复习,形成完整的知识体系,为后期提高解题能力和数学思维水平奠定基础。

本书的最终目的是提升同学们的解题能力。只有深入理解基本概念,牢牢记住基本定理和公式,才能找到解题的切入点和突破口。对于重点、难点知识,书中都有相应的例题,包括过去的考题和薛威老师精心编制的习题,以帮助同学们掌握基本的题型和计算方法,真正掌握所学内容。

本书分为六章,每章分为本章知识框图、知识梳理与例题、例题解析、自测练习题、本章作业超链接(《基础过关660题》优选)。

本章知识框图

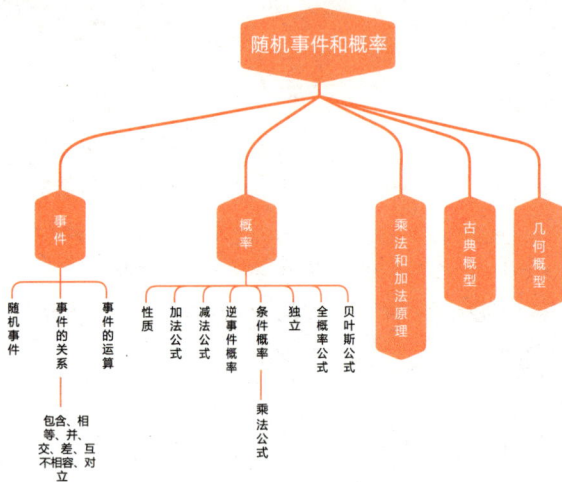

以框图的形式帮助大家将复杂的概念和知识点进行分类和整理,形成清晰的知识结构,通过视觉化的方式呈现,促进记忆。同学们在学习完本章之后,可以进一步去补充去细化,最终形成自己的知识结构。

本书中的例题都是经过薛威老师反复筛选、精心设计的经典题目。每一题均能精准地提炼出知识点的核心内容和关键要素,代表某一类题目的共同特征和解题方法。为了让这些例题的效用最大化,例题没有直接给出解析而是特别设置了练习区域,给同学们自己动手做题的机会。

例 1 一种号码锁有 4 个拨号盘,每个拨号盘上有从 0 到 9 共 10 个数字,这 4 个拨号盘可以组成多少个四位数字号码?

练习区域

答案见 12 页

自测练习题 📝

【练习1】 盒中有 5 个黑球、3 个白球,连续不放回地从中取两次球,每次取一个,若已知第一次取出的是白球,求第二次取出的是黑球的概率.

薛威老师亲自编写的课后自测练习题,是针对前面的基础知识点和技能的检验练习巩固所学。

很多同学反馈刚开始做《数学基础过关 660 题》很难下手，特别费劲，几乎每道题都需要看答案，确实打击学习的积极性。今年我们特意在每章都选择部分《数学基础过关 660 题》相应的题目作为作业题，学完这一章的内容后，再去做这些作业题，难度上会降下来。

本章作业超链接 《基础过关660题》优选					
数学一	511 512 514 515 518 520				
	571 574 576 579 580 582				
数学三	511 512 514 515 518 520				
	571 574 576 579 580 582				

夯实基础　厚积薄发　一战成硕

考研数学之路，道阻且长。在这漫长征程的起点，选择深潜还是浮掠，决定了同学们最终所能企及的高度。

请将这本书作为你夯实根基的忠实伙伴。愿大家能以最大的耐心、最严谨的态度、最扎实的行动，走好这至关重要的第一步。当同学们真正吃透了概念、原理，练就了过硬的计算本领，构建起清晰的知识网络时，你便会发现，曾经令人望而生畏的综合题、难题，其突破口往往就隐藏在你精心打下的基础之中。

基础扎实之日，便是你从容启航，驶向高分彼岸之时！愿你在基础复习的静水深流中，积蓄起改变未来的磅礴力量。祝复习顺利，金榜题名！

考研承诺书

  为了自己的成长，为了有个美好的未来，本人自愿参加 2027 年硕士研究生考试。

  本人郑重承诺：从_____年____月____日开始，我会全力以赴，不虚度时光，认真学习，不畏惧困难，不懈怠不自欺，踏踏实实复习！

  为自己去拼搏，让青春无悔！

  只争朝夕，不负韶华！

承诺人：_____

CONTENTS 目录

第 1 章　　随机事件和概率

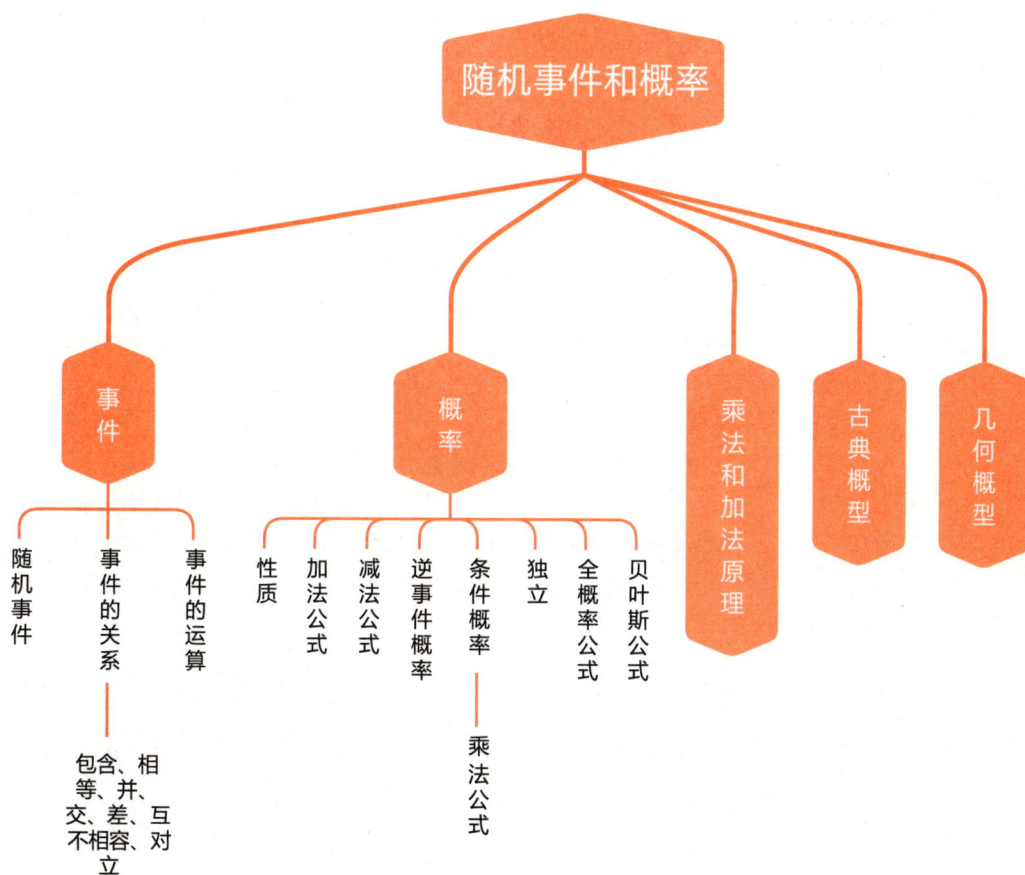

知识梳理与例题 ✏️

第1节　事件及概率的性质

本节的重点内容

1. 乘法原理和加法原理
2. 古典概型
3. 几何概型
4. 事件的关系和运算
5. 概率的性质

学习笔记

1. 乘法原理和加法原理

1.1 乘法原理（分步计数法）

完成某件事有 k 个步骤，第1个步骤有 m_1 种方法，第2个步骤有 m_2 种方法，$\cdots$，第 k 个步骤有 m_k 种方法，共有 $m_1 \times m_2 \times \cdots \times m_k$ 种方法.

1.2 加法原理（分类计数法）

完成某件事有 k 类方法，第1类有 m_1 种方法，第2类有 m_2 种方法，$\cdots$，第 k 类有 m_k 种方法，共有 $m_1 + m_2 + \cdots + m_k$ 种方法.

例 1　一种号码锁有 4 个拨号盘，每个拨号盘上有从 0 到 9 共 10 个数字，这 4 个拨号盘可以组成多少个四位数字号码？

练习区域

答案见 12 页

例 2 用 0 到 9 这 10 个数字,可以组成多少个没有重复数字的三位数?

练习区域

答案见 12 页

例 3 书架的第 1 层放有 4 本不同的计算机书,第 2 层放有 3 本不同的文艺书,第 3 层放有 2 本不同的体育书.

(1) 从书架上任取一本书,有多少种不同的取法?

(2) 从书架的第 1,2,3 层各取一本书,有多少种不同的取法?

练习区域

答案见 13 页

2. 古典概型

（1）样本空间 Ω 中只有有限个样本点.

（2）样本点出现是等可能的.

称其为古典概型，其中 $P(A) = \dfrac{r_A}{n} = \dfrac{A\ \text{中样本点个数}}{\Omega\ \text{中样本点个数}}$.

例 4 抛一枚硬币 3 次，设事件 A 为"恰有 1 次出现反面"，B 表示"3 次出现反面"，C 表示"至少 1 次出现正面". 试求 $P(A)$，$P(B)$，$P(C)$.

练习区域

答案见 13 页

3. 排列和组合

3.1 排列

从 n 个不同的元素中任取 k 个($1 \leqslant k \leqslant n$) 元素，按一定的顺序排成一列，称为从 n 个元素中选 k 个元素的一个排列，这样的排列种数有

$$\mathrm{A}_n^k = n(n-1)(n-2)\cdots(n-k+1) = \frac{n!}{(n-k)!}.$$

3.2 全排列

把 n 个不同的元素按一定的顺序排成一列称为一个全排列，n 个

不同的元素的全排列的种数为

$$A_n^n = n(n-1)(n-2)\cdots 2 \cdot 1 = n!.$$

3.3 组合

从 n 个不同的元素中任取 k 个$(0 \leqslant k \leqslant n)$，不计顺序排成一组，则称为从 n 个元素中取出 k 个元素的一个组合，这样的组合种数有

$$C_n^k = \binom{n}{k} = \frac{A_n^k}{k!} = \frac{n!}{k!(n-k)!}.$$

【注】　(1)$C_n^k = C_n^{n-k}$.　　(2)$C_n^k + C_n^{k-1} = C_{n+1}^k$.

例 5　袋中有 5 个白球，3 个黑球，从中任取 2 个，试求取到的 2 个球颜色相同的概率.

练习区域

答案见 13 页

例 6 一批产品共有 100 件,其中有 3 件次品,现从这批产品中接连抽取 2 次,每次抽取 1 件,考虑 2 种情形:

(1) 不放回抽样.第 1 次取 1 件不放回,第 2 次再抽取 1 件.

(2) 放回抽样.第 1 次取 1 件检查后放回,第 2 次再抽取 1 件.

试分别就上述两种情况,求第 1 次抽到正品,第 2 次抽到次品的概率.

练习区域

答案见 13 页

4. 几何概型

(1) 如果样本空间中的点集可用长度、面积、体积等来度量.

(2) 样本点出现都是等可能的.

则将其称为几何概型,概率

$$P(A) = \frac{m(A)}{m(\Omega)} = \frac{A \text{ 的长度(面积,体积)}}{\Omega \text{ 的长度(面积,体积)}}.$$

例 7　若在区间 $(0,1)$ 中随机地取 2 个数,则事件"两数之和小于 $\dfrac{6}{5}$"的概率为_____.　　　　　　　　（1988 年,数学一）

练习区域

答案见 13 页

例 8　随机地向半圆 $0 < y < \sqrt{2ax - x^2}$(a 为正常数)内掷一点,点落在半圆内任何区域的概率与区域的面积成正比,则原点和该点的连线与 x 轴夹角小于 $\dfrac{\pi}{4}$ 的概率为_____.　　（1991 年,数学一）

练习区域

答案见 14 页

随机事件和概率

5. 随机事件

(1) 随机试验的最小结果为样本点 ω_i, 样本点的集合称为样本空间 Ω.

(2) 样本空间 Ω 的子集称为随机事件, 用大写字母 A, B, C 等表示.

(3) 必然事件为样本空间 Ω, 不可能事件为空集 $\varnothing$.

6. 事件的关系

6.1 事件包含

$A \subset B$ 表示事件 A 发生导致事件 B 发生.

6.2 事件相等

$A = B$ 表示 $A \subset B$, 且 $B \subset A$.

6.3 和事件(并事件)

$A + B$ 或 $A \bigcup B$ 表示 A 与 B 至少有一个发生.

6.4 积事件(交事件)

$A \bigcap B$ 或 AB 表示 A 与 B 同时发生.

6.5 差事件

$A - B = A\overline{B} = A - AB$ 表示 A 发生且 B 不发生.

6.6 互不相容事件

$A \bigcap B = \varnothing$, 称 A 与 B 互不相容(互斥).

6.7 互逆事件或对立事件

$A + B = \Omega, AB = \varnothing$ 称 A 与 B 互逆, 记 $\overline{A} = B, \overline{B} = A$.

7. 事件的运算

7.1 交换律

$$A \bigcup B = B \bigcup A;$$

$$A \bigcap B = B \bigcap A.$$

7.2 结合律

$$(A \bigcup B) \bigcup C = A \bigcup (B \bigcup C);$$
$$(A \bigcap B) \bigcap C = A \bigcap (B \bigcap C).$$

7.3 分配律

$$(A \bigcup B) \bigcap C = (A \bigcap C) \bigcup (B \bigcap C);$$
$$(A \bigcap B) \bigcup C = (A \bigcup C) \bigcap (B \bigcup C).$$

7.4 对偶律（德·摩根律）

$$\overline{A \bigcup B} = \overline{A} \bigcap \overline{B};$$
$$\overline{A \bigcap B} = \overline{A} \bigcup \overline{B}.$$

【规律总结】

口诀：长线变短线，
开口换方向.

8. 概率的性质

8.1 性质

$$P(\varnothing) = 0, P(\Omega) = 1 \Rightarrow 0 \leqslant P(A) \leqslant 1.$$

8.2 加法公式

$$P(A+B) = P(A) + P(B) - P(AB).$$

【注】 $P(A+B+C) = P(A) + P(B) + P(C) - P(AB) - P(BC) - P(CA) + P(ABC).$

8.3 减法公式

$$P(A-B) = P(A\overline{B}) = P(A-AB) = P(A) - P(AB).$$

8.4 逆事件概率

$$P(\overline{A}) = 1 - P(A).$$

例 9 已知 12 件产品中有 2 件次品，从中任意抽取 4 件产品，求至少取得 1 件次品的概率．

练习区域

答案见 14 页

例 10 设 A,B 为两个随机事件，$P(A) = 0.5$，$P(A+B) = 0.8$，$P(AB) = 0.3$，求 $P(B)$．

练习区域

答案见 14 页

例 11 设 A, B 为两个随机事件, $P(A) = 0.8, P(AB) = 0.5$, 求 $P(A\overline{B})$.

练习区域

答案见 14 页

例 12 设 A 与 B 互不相容, $P(A) = 0.5, P(B) = 0.3$, 求 $P(\overline{A}\,\overline{B})$.

练习区域

答案见 14 页

例 **13** (难) 设 A,B,C 为 3 个随机事件,且 $P(A) = P(B) = P(C) = \dfrac{1}{4}, P(AC) = 0, P(AB) = P(BC) = \dfrac{1}{16}$. 求:

(1) A,B,C 至少有一个发生的概率.

(2) A,B,C 全不发生的概率.

练习区域

答案见 15 页

例题解析

例 **1** 【解析】 由题设可知,

| 10 | | 10 | | 10 | | 10 |

分为 4 个步骤,根据乘法原理,共有 $10 \times 10 \times 10 \times 10 = 10000$ 个四位数字号码.

例 **2** 【解析】 由题设可知,百位数不能是 0,

| 9 | | 9 | | 8 |

分为 3 个步骤,根据乘法原理,共有 $9 \times 9 \times 8 = 648$ 个没有重复的三位数.

例 3 【解析】 由题设可知,

(1) 从书架上取 1 本书,根据加法原理,共有 $4+3+2=9$ 种取法.

(2) 从书架上每层各取 1 本书,根据乘法原理,共有 $4 \times 3 \times 2 = 24$ 种取法.

例 4 【解析】 由题设可知,记正面为 H,背面为 T,则

$$\Omega = \{HHH, HHT, HTH, THH, HTT, THT, TTH, TTT\}.$$

(1) $A = \{HHT, HTH, THH\}$,则 $P(A) = \dfrac{3}{8}$.

(2) $B = \{TTT\}$,则 $P(B) = \dfrac{1}{8}$.

(3) $C = \{HHH, HHT, HTH, THH, HTT, THT, TTH\}$,则 $P(C) = \dfrac{7}{8}$.

【注】 当题目中出现至少,至多时,也可以考虑用对立事件来求概率,例如

$$P(C) = 1 - P(\overline{C}) = 1 - P(B) = \frac{7}{8}.$$

例 5 【解析】 由题设可知,设 A 表示取出的两个球颜色相同,

方法一

$$P(A) = \frac{5 \times 4 + 3 \times 2}{8 \times 7} = \frac{13}{28}. \qquad (\text{乘法原理} + \text{加法原理})$$

方法二

$$P(A) = \frac{C_5^2 + C_3^2}{C_8^2} = \frac{13}{28}. \qquad (\text{排列组合})$$

例 6 【解析】 由题设可知,

(1) $P(A) = \dfrac{r_A}{n} = \dfrac{97 \times 3}{100 \times 99} = \dfrac{97}{3300}.$

(2) $P(B) = \dfrac{r_B}{n} = \dfrac{97 \times 3}{100 \times 100} = \dfrac{291}{10000}.$

例 7 【解析】 设这两个数为 x 和 y,则 (x, y) 的取值范围是如图所示的正方形区

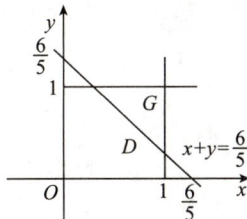

域 G,而事件"两数之和小于 $\frac{6}{5}$"即" $x+y<\frac{6}{5}$ ",表示 (x,y) 的取值范围为图中区域 D,根据几何概型知所求概率为

$$P\left\{x+y<\frac{6}{5}\right\}=\frac{D\text{ 的面积}}{G\text{ 的面积}}=\frac{1-\frac{1}{2}\cdot\left(\frac{4}{5}\right)^2}{1^2}=\frac{17}{25}.$$

例 8 【解析】 记 Ω 为 $0<y<\sqrt{2ax-x^2}$ 所确定的半圆区域, D 为过原点 O 的线段,与 x 轴的夹角为 $\frac{\pi}{4}$ 的阴影区域.

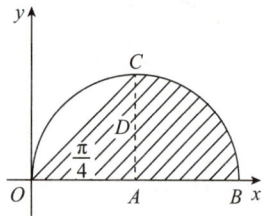

则根据几何概型得

$$P=\frac{S_D}{S_\Omega}=\frac{\frac{1}{2}a^2+\frac{1}{4}\pi a^2}{\frac{1}{2}\pi a^2}=\frac{2+\pi}{2\pi}.$$

例 9 【解析】 设 A 表示至少取得 1 件次品, B 表示没有取得次品,则

$$P(B)=\frac{C_{10}^4}{C_{12}^4}=\frac{14}{33},$$

$$P(A)=1-P(B)=\frac{19}{33}.$$

例 10 【解析】 由题设可知

$$P(A+B)=P(A)+P(B)-P(AB)\Rightarrow P(B)=0.6.$$

例 11 【解析】 由题设可知

$$P(A\overline{B})=P(A-B)=P(A-AB)=P(A)-P(AB)$$
$$=0.8-0.5=0.3.$$

例 12 【解析】 由题设可知, $AB=\varnothing$,则 $P(AB)=0$,

$$P(\overline{A}\,\overline{B})=1-P(\overline{\overline{A}\,\overline{B}})=1-P(\overline{\overline{A}}\bigcap\overline{\overline{B}})$$
$$=1-P(\overline{\overline{A}}\bigcup\overline{\overline{B}})=1-P(A\bigcup B)$$
$$=1-[P(A)+P(B)-P(AB)]$$
$$=0.2.$$

例 **13** 【解析】　由题设可知，$ABC \subset AC$，则

$$0 \leqslant P(ABC) \leqslant P(AC) = 0,$$

即 $P(ABC) = 0$.

(1)　$P(A+B+C)$

$$= P(A)+P(B)+P(C)-P(AB)-P(BC)-P(AC)+P(ABC)$$

$$= \frac{3}{4} - \frac{2}{16} = \frac{5}{8}.$$

(2) $P(\overline{A}\,\overline{B}\,\overline{C}) = 1 - P(\overline{\overline{A}\,\overline{B}\,\overline{C}}) = 1 - P(A+B+C)$

$$= 1 - \frac{5}{8} = \frac{3}{8}.$$

自我总结

自测练习题

【练习1】 从编号 $1, 2, \cdots, 9$ 的 9 个球中任取一个,取后放回,而后再取一个,试求取出的两个球编号不同的概率.

【练习2】 10 个产品中有 7 个正品、3 个次品.

(1) 不放回地每次从中任取 1 个,共取 3 次,求取到的为 3 个次品的概率.

(2) 每次从中任取 1 个,有放回地取 3 次,求取到的为 3 个次品的概率.

【练习 3】 在区间 $(0,1)$ 中随机地取 2 个数,则这 2 个数之差的绝对值小于 $\frac{1}{2}$ 的概率为_____. (2007 年,数学一)

【练习 4】 设 $A \subset B, P(A) = 0.2, P(B) = 0.3$,求:
(1)$P(\overline{A}), P(\overline{B})$. (2)$P(A \bigcup B)$. (3)$P(AB)$.
(4)$P(B\overline{A})$. (5)$P(A - B)$.

【练习 5】　设 $P(A) = 0.7, P(B) = 0.6, P(A - B) = 0.3$，求 $P(\overline{AB}), P(A \bigcup B), P(\overline{A}\,\overline{B})$.

第 2 节　条件概率、乘法公式和独立性

本节的重点内容

1. 条件概率

2. 乘法公式

3. 事件独立的等价条件

4. 三个事件的独立性：两两独立和相互独立

1. 条件概率

学习笔记

设 $P(B) > 0$,

$$P(A \mid B) = \frac{P(AB)}{P(B)}$$

称为在已知事件 B 条件下,事件 A 的概率.

例 1　某工厂有职工 400 名,其中男女职工各占一半,男女职工中技术优秀的人数分别为 20 人与 40 人. 从中任选 1 名职工,试问:

(1) 该职工技术优秀的概率是多少?

(2) 已知选出的是男职工,他技术优秀的概率是多少?

练习区域

答案见 24 页

例 2 在全部产品中有 4% 是废品,有 72% 为一等品.现从中任取 1 件为合格品,求它是一等品的概率.

练习区域

答案见 25 页

2. 乘法公式

$$P(A \mid B) = \frac{P(AB)}{P(B)} \Rightarrow P(AB) = P(B)P(A \mid B).$$

两个事件的乘法公式:

$$P(AB) = P(B)P(A \mid B) = P(A)P(B \mid A).$$

【注】 三个事件的乘法公式:

$$P(ABC) = P(A)P(B \mid A)P(C \mid AB).$$

例 3 在 10 个产品中,有 2 个次品,不放回地抽取 2 次产品,每次取 1 个,求取到的 2 个产品都是次品的概率.

练习区域

答案见 25 页

例 4 盒中有 5 个白球,2 个黑球,连续不放回地在其中取 3 次球,求第 3 次才取到黑球的概率.

练习区域

答案见 25 页

例 5 (难) 设某光学仪器厂制造的透镜,第 1 次落下时打破的概率为 $\frac{1}{2}$;若第 1 次落下时未打破,第 2 次落下打破的概率为 $\frac{7}{10}$;若前 2 次落下未打破,第 3 次落下打破的概率为 $\frac{9}{10}$.试求透镜落下 3 次而未打破的概率.

练习区域

答案见 25 页

3. 事件的独立性

当 $P(AB) = P(A)P(B)$,称事件 A 与 B 独立.

例 6 证明:事件 A 与 B 独立 $\Leftrightarrow A$ 与 $\overline{B}$ 独立.

练习区域

答案见 25 页

例 7 设 $0 < P(A) < 1$,事件 A 与 B 独立,证明:

(1) $P(B) = P(B \mid A)$.

(2) $P(B) = P(B \mid \overline{A})$.

(3) $P(B \mid A) = P(B \mid \overline{A})$.

练习区域

答案见 26 页

例 8 设 A,B,C 是随机事件，A 与 C 互不相容，$P(AB)=\dfrac{1}{2}$，

$P(C)=\dfrac{1}{3}$，则 $P(AB\,|\,\overline{C})=$ _____.　　　　（2012 年，数学一）

练习区域

答案见 26 页

4. 三个事件的独立性：两两独立和相互独立

设 A,B,C 表示三个事件，则

(1) 当 $\begin{cases} P(AB)=P(A)P(B), \\ P(BC)=P(B)P(C), \\ P(AC)=P(A)P(C) \end{cases}$ 时，称 A,B,C 两两独立.

(2) 当 $\begin{cases} P(AB)=P(A)P(B), \\ P(BC)=P(B)P(C), \\ P(AC)=P(A)P(C), \\ P(ABC)=P(A)P(B)P(C) \end{cases}$ 时，称 A,B,C 相互独立.

【注】 相互独立 $\Rightarrow$ 两两独立，反之不成立.

随机事件和概率

例 9 设 A,B,C 为三个随机事件,且 A 与 C 相互独立,B 与 C 相互独立,则 $A \cup B$ 与 C 相互独立的充分必要条件是

(A)A 与 B 相互独立.　　　(B)A 与 B 互不相容.

(C)AB 与 C 相互独立.　　　(D)AB 与 C 互不相容.

(2017 年,数学三)

练习区域

答案见 26 页

例题解析

例 1 【解析】 设 A 表示职工技术优秀,B 表示职工是男职工.

(1)$P(A) = \dfrac{n_A}{n} = \dfrac{20+40}{400} = \dfrac{60}{400} = \dfrac{3}{20}.$

(2)方法一:$P(A \mid B) = \dfrac{20}{200} = \dfrac{1}{10}.$

方法二:$P(A \mid B) = \dfrac{\frac{20}{400}}{\frac{200}{400}} = \dfrac{P(AB)}{P(B)}.$

【思考】 条件概率 $P(A \mid B) = \dfrac{n_{AB}}{n_B} = \dfrac{\frac{n_{AB}}{n}}{\frac{n_B}{n}} = \dfrac{P(AB)}{P(B)}.$

【注】 （1）条件概率的样本空间变小，所以一般 $P(A) \neq P(A \mid B)$.

（2）要注意 $P(AB) \neq P(A \mid B)$.

例 2 【解析】 设 A 表示取出产品为合格品，B 表示取出产品是一等品，则

$$P(A) = 0.96, P(AB) = P(B) = 0.72.$$

故 $$P(B \mid A) = \frac{P(BA)}{P(A)} = \frac{0.72}{0.96} = 0.75.$$

例 3 【解析】 设 A_i 表示第 i 次取到次品，$i = 1, 2$，则

$$P(A_1) = \frac{2}{10}, P(A_2 \mid A_1) = \frac{1}{9}.$$

故 $$P(A_1 A_2) = P(A_1) P(A_2 \mid A_1) = \frac{2}{10} \times \frac{1}{9} = \frac{1}{45}.$$

例 4 【解析】 设 A_i 表示第 i 次取到黑球，$i = 1, 2, 3$，则

$$P(A_1) = \frac{2}{7}, P(A_2 \mid \overline{A_1}) = \frac{2}{6}, P(A_3 \mid \overline{A_1}\overline{A_2}) = \frac{2}{5};$$

$$P(\overline{A_1}) = \frac{5}{7}, P(\overline{A_2} \mid \overline{A_1}) = \frac{4}{6},$$

$$P(\overline{A_1}\, \overline{A_2} A_3) = P(\overline{A_1}) P(\overline{A_2} \mid \overline{A_1}) P(A_3 \mid \overline{A_1}\, \overline{A_2})$$

$$= \frac{5}{7} \times \frac{4}{6} \times \frac{2}{5} = \frac{4}{21}.$$

【注】 $P(A_3)$ 表示第 3 次取到黑球的概率，前两次不确定.

例 5 【解析】 设 A_i 表示第 i 次下落未打破，$i = 1, 2, 3$，则

$$P(\overline{A_1}) = \frac{1}{2}, P(\overline{A_2} \mid A_1) = \frac{7}{10}, P(\overline{A_3} \mid A_1 A_2) = \frac{9}{10};$$

$$P(A_1) = \frac{1}{2}, P(A_2 \mid A_1) = \frac{3}{10}, P(A_3 \mid A_1 A_2) = \frac{1}{10},$$

$$P(A_1 A_2 A_3) = P(A_1) P(A_2 \mid A_1) P(A_3 \mid A_1 A_2)$$

$$= \frac{1}{2} \times \frac{3}{10} \times \frac{1}{10} = \frac{3}{200}.$$

例 6 【证明】 充分性：

当 A 与 B 独立时，则 $P(AB) = P(A)P(B)$，

$$P(A\overline{B}) = P(A - B) = P(A - AB) = P(A) - P(AB)$$
$$= P(A) - P(A)P(B) = P(A)(1 - P(B))$$
$$= P(A)P(\overline{B}),$$

故 A 与 $\overline{B}$ 独立.

必要性:当 A 与 $\overline{B}$ 独立时,则 $P(A\overline{B}) = P(A)P(\overline{B})$,

$$P(A\overline{B}) = P(A - AB) = P(A) - P(AB) = P(A)P(\overline{B})$$
$$= P(A)(1 - P(B)) = P(A) - P(A)P(B),$$

整理得 $P(AB) = P(A)P(B)$,故 A 与 B 独立.

【注】 事件 A 与 B 独立,A 与 $\overline{B}$ 独立,$\overline{A}$ 与 B 独立,$\overline{A}$ 与 $\overline{B}$ 独立,其中任意一个成立,另外三个也成立.

例 **7** 【证明】 由题设,A 与 B 独立,则 $P(AB) = P(A)P(B)$.

$(1)P(B|A) = \dfrac{P(AB)}{P(A)} = \dfrac{P(A)P(B)}{P(A)} = P(B).$

$(2)P(B|\overline{A}) = \dfrac{P(B\overline{A})}{P(\overline{A})} = \dfrac{P(B) - P(AB)}{1 - P(A)}$

$$= \dfrac{P(B) - P(A)P(B)}{1 - P(A)}$$

$$= \dfrac{P(B)(1 - P(A))}{1 - P(A)} = P(B).$$

(3) 由$(1)(2)$ 得 $P(B|A) = P(B|\overline{A}).$

例 **8** 【解析】 由题设 $AC = \varnothing$,且 $ABC \subset AC$,则 $P(ABC) = P(AC) = 0$

$$P(AB|\overline{C}) = \dfrac{P(AB\overline{C})}{P(\overline{C})} = \dfrac{P(AB) - P(ABC)}{1 - P(C)} = \dfrac{\frac{1}{2}}{1 - \frac{1}{3}} = \dfrac{3}{4}.$$

例 **9** 【解析】 由题设 $P(AC) = P(A)P(C),$
$$P(BC) = P(B)P(C),$$
当 $A \bigcup B$ 与 C 相互独立时,则
$$P((A \bigcup B) \bigcap C) = P(A \bigcup B) \cdot P(C),$$
故 $P((A \bigcup B) \bigcap C) = P(AC \bigcup BC)$
$$= P(AC) + P(BC) - P(ABC),$$
$$P(A \bigcup B)P(C) = (P(A) + P(B) - P(AB))P(C),$$

整理得 $P(ABC) = P(AB)P(C)$,故 AB 与 C 相互独立.

当 AB 与 C 相互独立时,则 $P(ABC) = P(AB)P(C)$,故

$$P((A \bigcup B) \bigcap C) = P(AC \bigcup BC) = P(AC) + P(BC) - P(ABC)$$
$$= P(A)P(C) + P(B)P(C) - P(ABC),$$

$$P(A \bigcup B)P(C) = (P(A) + P(B) - P(AB))P(C),$$

整理得 $P((A \bigcup B) \bigcap C) = P(A \bigcup B)P(C)$,故 $A \bigcup B$ 与 C 相互独立. 选(C).

📃 自我总结

自测练习题 📝

【练习1】 盒中有5个黑球、3个白球,连续不放回地从中取两次球,每次取一个,若已知第一次取出的是白球,求第二次取出的是黑球的概率.

【练习2】 证明:(1) 事件 A 与必然事件 Ω 独立. (2) 事件 A 与不可能事件 $\varnothing$ 独立.

【练习 3】[难]　设 $0 < P(A) < 1, 0 < P(B) < 1, P(A \mid B) + P(\overline{A} \mid \overline{B})$
$= 1$，则

(A) 事件 A 和 B 互不相容.　　(B) 事件 A 和 B 互相对立.

(C) 事件 A 和 B 互不独立.　　(D) 事件 A 和 B 相互独立.

(1994 年，数学四)

【注】　记住本题结论.

【练习 4】　假设 $P(A) = 0.4, P(A \bigcup B) = 0.7$，那么

(1) 若 A 与 B 互不相容，则 $P(B) = $ _____.

(2) 若 A 与 B 相互独立，则 $P(B) = $ _____.

(1988 年，数学四)

【**练习** 5】 设随机事件 A 与 B 相互独立,且 $P(B) = 0.5, P(A - B) = 0.3$,则 $P(B-A) =$

(A)0.1.   (B)0.2.

(C)0.3.   (D)0.4.

(2014 年,数学一)

【**练习** 6】 设 $P(\overline{A}) = 0.3, P(B) = 0.4, P(A\overline{B}) = 0.5$,则 $P(B|A + \overline{B}) = $ _____.

【练习 7】　设两两相互独立的三事件 A，B 和 C 满足条件：$ABC = \varnothing$，$P(A) = P(B) = P(C) < \dfrac{1}{2}$，且已知 $P(A \bigcup B \bigcup C) = \dfrac{9}{16}$，则 $P(A) = $ _____ .　　　　　　　　　（1999 年，数学一）

【练习 8】　设 A，B，C 三个事件两两独立，则 A，B，C 相互独立的充分必要条件是

　　(A)A 与 BC 独立.　　　　　　(B)AB 与 $A \bigcup C$ 独立.

　　(C)AB 与 AC 独立.　　　　　　(D)$A \bigcup B$ 与 $A \bigcup C$ 独立.

（2000 年，数学四）

第3节　全概率公式和贝叶斯公式

本节的重点内容

1. 完备事件组
2. 全概率公式
3. 贝叶斯公式

学习笔记

1. 完备事件组

设事件 $A_1, A_2, \cdots, A_n$ 两两互不相容,即 $A_i \cap A_j = \varnothing, i \neq j$,且 $A_1 + A_2 + \cdots + A_n = \Omega$,则称 $A_1, A_2, \cdots, A_n$ 是 Ω 的一个完备事件组.

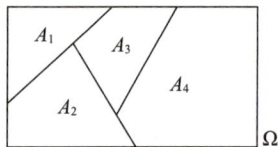

【注】　完备事件组本质上就是分情况讨论.

2. 全概率公式

设 A_1, A_2, A_3 是 Ω 的一个完备事件组,则

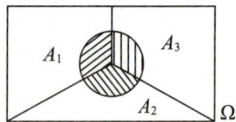

$$B = A_1B + A_2B + A_3B,$$

故 $P(B) = P(A_1B) + P(A_2B) + P(A_3B)$

$$= P(A_1)P(B \mid A_1) + P(A_2)P(B \mid A_2) + P(A_3)P(B \mid A_3),$$

称为全概率公式.

例 1　一批产品共有 10 个正品和 2 个次品,任意抽取 2 次,每次抽 1 个,抽出后不再放回,则第 2 次抽出的是次品的概率为_____.

（1993 年,数学一）

练习区域

答案见 36 页

例 2 袋中有 50 个乒乓球,其中 20 个是黄球,30 个是白球,今有两人依次随机地从袋中各取一球,取后不放回,则第 2 个人取得黄球的概率是_____. （1997 年,数学一）

练习区域

答案见 36 页

例 3 在某工厂中有甲、乙、丙三台机器生产同一型号的产品，它们的产量各占 30％，35％，35％，并且在各自的产品中废品率分别为 5％，4％，3％．求从该厂的这种产品中任取一件是废品的概率．

练习区域

答案见 36 页

3. 贝叶斯公式

设 A_1, A_2, A_3 是一个完备事件组，其中

$$P(B) = P(A_1 B) + P(A_2 B) + P(A_3 B)$$
$$= P(A_1)P(B \mid A_1) + P(A_2)P(B \mid A_2) + P(A_3)P(B \mid A_3),$$

称

$$P(A_1 \mid B) = \frac{P(A_1 B)}{P(B)} = \frac{P(A_1 B)}{P(A_1 B) + P(A_2 B) + P(A_3 B)}$$

$$= \frac{P(A_1)P(B \mid A_1)}{P(A_1)P(B \mid A_1) + P(A_2)P(B \mid A_2) + P(A_3)P(B \mid A_3)}$$

为贝叶斯公式．

【注】 贝叶斯公式用到了条件概率公式，全概率公式，乘法公式．

例 4　设工厂 A 和工厂 B 的产品的次品率分别为 1% 和 2%，现从由 A 厂和 B 厂分别占 60% 和 40% 的一批产品中随机抽取一件，发现是次品，则该次品属 A 厂生产的概率是_____．

（1996 年，数学一）

练习区域

答案见 37 页

例 5　在某工厂中有甲、乙、丙三台机器生产同一型号的产品，它们的产量各占 $30\%,35\%,35\%$，并且在各自的产品中废品率分别为 $5\%,4\%,3\%$．若任取一件是废品，分别求它是甲、乙、丙生产的概率．

练习区域

答案见 37 页

例题解析

例 1 【解析】 设 A_i 表示第 i 次取得次品($i=1,2$),由全概率公式得

$$P(A_2) = P(A_1 A_2) + P(\overline{A_1} A_2)$$
$$= P(A_1)P(A_2 \mid A_1) +$$
$$P(\overline{A_1})P(A_2 \mid \overline{A_1})$$
$$= \frac{2}{12} \times \frac{1}{11} + \frac{10}{12} \times \frac{2}{11} = \frac{1}{6}.$$

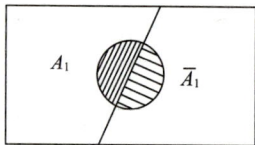

【注】 抽签原理:与抽签顺序无关.

例 2 【解析】 设 A_i 表示第 i 次取到黄球($i=1,2$),根据全概率公式得

$$P(A_2) = P(A_1 A_2) + P(\overline{A_1} A_2)$$
$$= P(A_1)P(A_2 \mid A_1) +$$
$$P(\overline{A_1})P(A_2 \mid \overline{A_1})$$
$$= \frac{20}{50} \times \frac{19}{49} + \frac{30}{50} \times \frac{20}{49} = \frac{2}{5}.$$

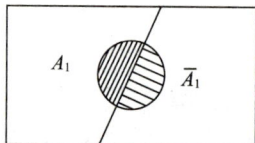

【注】 抽签原理:与抽签顺序无关.

例 3 【解析】 设 B 表示抽取产品是废品,A_1,A_2,A_3 分别表示产品是甲,乙,丙机器生产,则

$$P(A_1) = 0.3, P(A_2) = 0.35,$$
$$P(A_3) = 0.35;$$
$$P(B \mid A_1) = 0.05, P(B \mid A_2) = 0.04,$$
$$P(B \mid A_3) = 0.03,$$

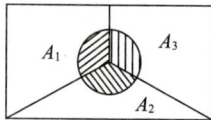

$$P(B) = P(A_1 B) + P(A_2 B) + P(A_3 B)$$
$$= P(A_1)P(B \mid A_1) + P(A_2)P(B \mid A_2) + P(A_3)P(B \mid A_3)$$
$$= 0.3 \times 0.05 + 0.35 \times 0.04 + 0.35 \times 0.03 = 0.0395.$$

【注】 注意区别 $P(A_1 B)$ 和 $P(B \mid A_1)$.

例 **4**　【解析】　设 C 表示随机取一件产品是次品，A,B 分别表示 A 厂和 B 厂生产的产品，则

$$P(A) = 0.6, P(B) = 0.4;$$

$$P(C \mid A) = 0.01, P(C \mid B) = 0.02,$$

$$P(C) = P(AC) + P(BC) = P(A)P(C \mid A) + P(B)P(C \mid B)$$

$$= 0.6 \times 0.01 + 0.4 \times 0.02 = 0.014,$$

$$P(A \mid C) = \frac{P(AC)}{P(C)} = \frac{P(A)P(C \mid A)}{P(C)} = \frac{0.6 \times 0.01}{0.014} = \frac{3}{7}.$$

例 **5**　【解析】　设 B 表示任取一件产品是废品，A_1, A_2, A_3 分别表示产品是甲，乙，丙生产的，则

$$P(A_1) = 0.3, P(A_2) = 0.35, P(A_3) = 0.35;$$

$$P(B \mid A_1) = 0.05, P(B \mid A_2) = 0.04, P(B \mid A_3) = 0.03,$$

$$P(B) = P(A_1 B) + P(A_2 B) + P(A_3 B) = 0.0395.$$

则根据贝叶斯公式得

$$P(A_1 \mid B) = \frac{P(A_1 B)}{P(B)} = \frac{P(A_1)P(B \mid A_1)}{P(B)} = \frac{0.3 \times 0.05}{0.0395} = \frac{30}{79},$$

$$P(A_2 \mid B) = \frac{P(A_2 B)}{P(B)} = \frac{P(A_2)P(B \mid A_2)}{P(B)} = \frac{0.35 \times 0.04}{0.0395} = \frac{28}{79},$$

$$P(A_3 \mid B) = \frac{P(A_3 B)}{P(B)} = \frac{P(A_3)P(B \mid A_3)}{P(B)} = \frac{0.35 \times 0.03}{0.0395} = \frac{21}{79}.$$

自我总结

自测练习题 📝

【练习1】 设在 n 张彩票中有一张奖券,有三个人参加抽奖,求第三个人摸到奖券的概率.

【练习2】 在甲、乙、丙 3 个袋中,甲袋中有白球 2 个、黑球 1 个,乙袋中有白球 1 个、黑球 2 个,丙袋中有白球 2 个、黑球 2 个.现随机地选出 1 个袋子再从袋中取 1 球,问取出的球是白球的概率.

【练习 3】 两台车床加工同样的零件,第一台出现废品的概率为 0.03,第二台出现废品的概率为 0.02,加工出来的零件放在一起,并且已知第一台加工的比第二台加工的零件多一倍. 求任取一零件是合格品的概率.

【练习 4】 从 $1,2,3,4$ 中任取一个数,记为 X,再从 $1,\cdots,X$ 中任取一个数,记为 Y,则 $P\{Y=2\}=$ _____. (2005 年,数学一)

【练习5】 某厂有甲、乙、丙三车间生产同一产品,产量分别占总产量的 60%,30% 和 10%,各车间的次品率分别是 2%,5%,6%. 试求

(1)在该厂产品中任取一件,恰为次品的概率.

(2)若发现一件产品为次品,该次品来自甲车间的概率.

本章作业超链接 《基础过关660题》优选

数学一 511 512 514 515 518 520

571 574 576 579 580 582

数学三 511 512 514 515 518 520

571 574 576 579 580 582

第 2 章 一维随机变量及其数字特征

本章知识框图

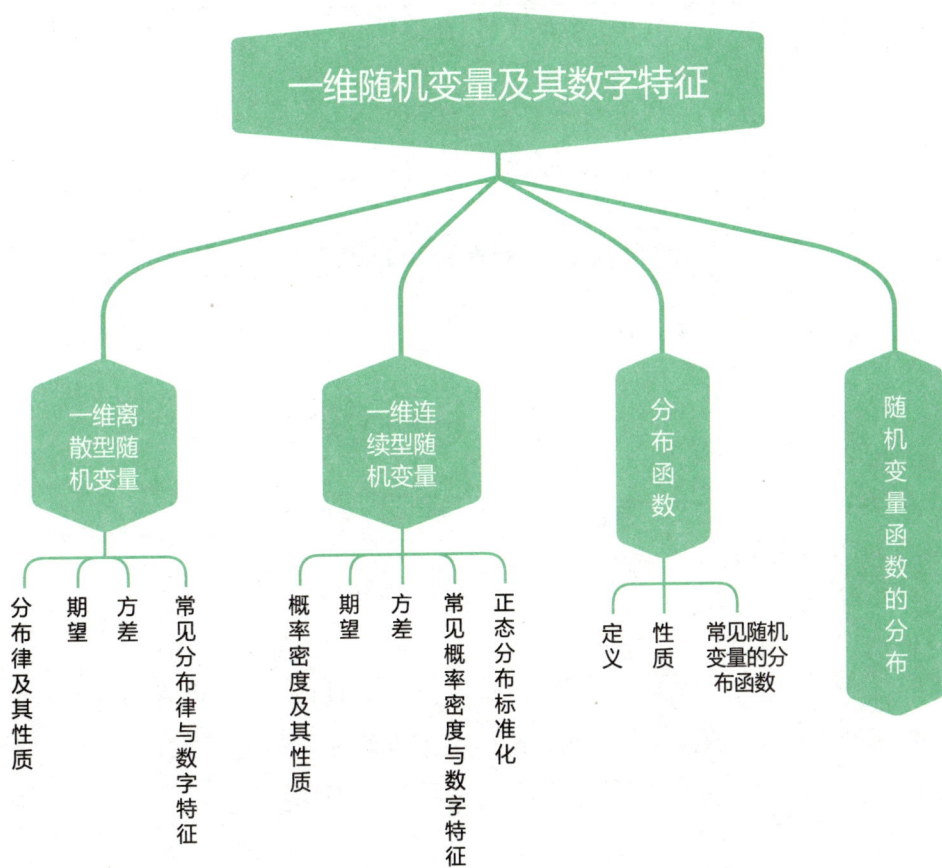

一维随机变量及其数字特征

一维离散型随机变量
- 分布律及其性质
- 期望
- 方差
- 常见分布律与数字特征

一维连续型随机变量
- 概率密度及其性质
- 期望
- 方差
- 常见概率密度与数字特征
- 正态分布标准化

分布函数
- 定义
- 性质
- 常见随机变量的分布函数

随机变量函数的分布

知识梳理与例题

第1节 一维离散型随机变量及其分布律

本节的重点内容

1. 一维离散型随机变量分布律及其性质
2. 一维随机变量的期望和方差
3. 常见一维离散型随机变量分布律及其数字特征

学习笔记

1. 一维离散型随机变量分布律及其性质

(1) 非负性. $p_i \geqslant 0$.　(2) 规范性. $\sum\limits_{i=1}^{\infty} p_i = 1$.

2. 一维随机变量的期望和方差

2.1 期望

(1) $EX = \sum\limits_{i=1}^{\infty} x_i p_i$.　(2) $EX^2 = \sum\limits_{i=1}^{\infty} x_i^2 p_i$.

2.2 方差

$$DX = E(X - EX)^2 = EX^2 - (EX)^2.$$

例 1　掷一枚质地均匀的六面体骰子,记 X 为朝上面出现的点数,求 X 的分布律、期望和方差.

练习区域

答案见 47 页

例 2　设离散型随机变量的分布律为

X	0	1	2
P	0.2	c	0.5

求常数 c 和 EX, DX.

练习区域

答案见 48 页

例 3　袋子里有 5 个同样大小的球, 编号为 $1, 2, 3, 4, 5$. 从中同时取出 3 个球, 记 X 为取出的球的最大编号, 求 X 的分布律, 及 EX、DX.

练习区域

答案见 48 页

一维随机变量及其数字特征

3. 常见一维离散型随机变量分布律及其数字特征

例 **4** 设 X 服从 $0-1$ 分布，求 X 的数字特征.

答案见 48 页

例 **5** X 服从二项分布 $B(n,p)$，求其数字特征.

答案见 49 页

例 6　设 $X \sim B(2,p)$，$Y \sim B(3,p)$. 已知 $P\{X \geqslant 1\} = \dfrac{5}{9}$，试求 $P\{Y \geqslant 1\}$.

练习区域

答案见 49 页

例 7　设泊松分布 $X \sim P(\lambda)$，求其数字特征.

练习区域

答案见 49 页

例 **8** 设 X 服从泊松分布,已知 $P\{X=1\}=P\{X=2\}$,求 $P\{X=4\}$.

练习区域

答案见 50 页

例 **9** 设 X 服从几何分布 $Ge(p)$,求其数字特征.

练习区域

答案见 50 页

例 10　某人向同一目标独立重复射击,每次射击命中目标的概率为 $p(0 < p < 1)$,则此人第 4 次射击恰好第 2 次命中目标的概率为

(A)$3p(1-p)^2$.　　　　　(B)$6p(1-p)^2$.

(C)$3p^2(1-p)^2$.　　　　(D)$6p^2(1-p)^2$.

练习区域

答案见 51 页

例题解析

例 1　【解析】　由题设可知,分布律为

X	1	2	3	4	5	6
P	$\frac{1}{6}$	$\frac{1}{6}$	$\frac{1}{6}$	$\frac{1}{6}$	$\frac{1}{6}$	$\frac{1}{6}$

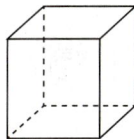

$$EX = 1 \times \frac{1}{6} + 2 \times \frac{1}{6} + 3 \times \frac{1}{6} + 4 \times \frac{1}{6} + 5 \times \frac{1}{6} + 6 \times \frac{1}{6}$$

$$= \frac{7}{2}.$$

$$EX^2 = 1^2 \times \frac{1}{6} + 2^2 \times \frac{1}{6} + 3^2 \times \frac{1}{6} + 4^2 \times \frac{1}{6} + 5^2 \times \frac{1}{6} + 6^2 \times \frac{1}{6}$$

$$= \frac{91}{6}.$$

$$DX = EX^2 - (EX)^2 = \frac{91}{6} - \left(\frac{7}{2}\right)^2 = \frac{35}{12}.$$

例 2 【解析】 由分布律的性质得

$$0.2 + c + 0.5 = 1, 解得 c = 0.3.$$

由于

$$EX = 0 \times 0.2 + 1 \times 0.3 + 2 \times 0.5 = 1.3,$$
$$EX^2 = 0^2 \times 0.2 + 1^2 \times 0.3 + 2^2 \times 0.5 = 2.3,$$

故

$$DX = EX^2 - (EX)^2 = 2.3 - (1.3)^2 = 0.61.$$

例 3 【解析】 由题设知 X 的取值为 $3,4,5$,则

$$P\{X = 3\} = \frac{C_2^2}{C_5^3} = \frac{1}{10},$$

$$P\{X = 4\} = \frac{C_3^2}{C_5^3} = \frac{3}{10},$$

$$P\{X = 5\} = \frac{C_4^2}{C_5^3} = \frac{6}{10},$$

故 X 的分布律为

X	3	4	5
P	$\frac{1}{10}$	$\frac{3}{10}$	$\frac{3}{5}$

由于

$$EX = 3 \times \frac{1}{10} + 4 \times \frac{3}{10} + 5 \times \frac{6}{10} = \frac{9}{2},$$

$$EX^2 = 3^2 \times \frac{1}{10} + 4^2 \times \frac{3}{10} + 5^2 \times \frac{6}{10} = \frac{207}{10},$$

故

$$DX = EX^2 - (EX)^2 = \frac{207}{10} - \left(\frac{9}{2}\right)^2 = \frac{9}{20}.$$

例 4 【解析】 随机试验有两个结果,发生和不发生,分布律

为

X	0	1
P	$1-p$	p

,则

$$EX = 0 \times (1-p) + 1 \times p = p,$$
$$EX^2 = 0^2 \times (1-p) + 1^2 \times p = p,$$
$$DX = EX^2 - (EX)^2 = p - p^2 = p(1-p).$$

【注】 记住结论 $EX = p, DX = p(1-p).$

例 **5** 【分析】 一次试验中事件 A 中发生的概率为 p，独立重复试验 5 次，记 X 为事件发生次数，则 $X \sim B(5, p)$

□ ☒ □ □ ☒

$$P\{X = 2\} = C_5^2 (1 - p) p (1 - p)(1 - p) p.$$

【解析】 一般情形下，一次试验中事件 A 发生概率 p，独立重复试验 n 次，事件 A 发生次数为 $X \sim B(n, p)$，分布律为：

$$P\{X = k\} = C_n^k p^k \cdot (1 - p)^{n-k}, k = 0, 1, 2, \cdots, n.$$

二项分布 X 可以分解为 n 个独立的服从 $0-1$ 分布的随机变量的和，即

$$X = X_1 + X_2 + \cdots + X_n,$$

X_i	0	1
P	$1-p$	p

故 $EX = E(X_1 + X_2 + \cdots + X_n) = EX_1 + EX_2 + \cdots + EX_n = np$，由于 $X_1, X_2, \cdots, X_n$ 相互独立

$$DX = D(X_1 + X_2 + \cdots + X_n) = DX_1 + DX_2 + \cdots + DX_n$$
$$= np(1 - p).$$

例 **6** 【解析】 由题设 $X \sim B(2, p), Y \sim B(3, p)$，可知

$$P\{X = k\} = C_2^k p^k (1 - p)^{2-k}, k = 0, 1, 2.$$

$$P\{Y = k\} = C_3^k p^k (1 - p)^{3-k}, k = 0, 1, 2, 3.$$

$$P\{X \geqslant 1\} = P\{X = 1\} + P\{X = 2\} = 1 - P\{X = 0\}$$
$$= 1 - C_2^0 p^0 (1 - p)^2 = 1 - (1 - p)^2 = \frac{5}{9}.$$

解得 $p = \frac{1}{3}$，故

$$P\{Y \geqslant 1\} = 1 - P\{Y = 0\} = 1 - C_3^0 p^0 (1 - p)^3$$
$$= 1 - (1 - p)^3 = \frac{19}{27}.$$

【注】 计算复杂事件的概率可以考虑用它的对立事件.

例 **7** 【解析】 一段时间内事件 A 发生次数为 X，其分布律为

$$P\{X = k\} = \frac{\lambda^k}{k!} e^{-\lambda}, k = 0, 1, 2, \cdots, n, \cdots.$$

根据泰勒公式

$$e^{\lambda} = 1 + \lambda + \frac{1}{2!}\lambda^2 + \cdots + \frac{1}{n!}\lambda^n + \cdots,$$

得 $\quad EX = \sum_{k=0}^{\infty} k \cdot P\{X=k\} = \sum_{k=0}^{\infty} k \cdot \frac{\lambda^k}{k!} e^{-\lambda} = e^{-\lambda} \sum_{k=1}^{\infty} k \cdot \frac{\lambda^k}{k!}$

$$= \lambda e^{-\lambda} \sum_{k=1}^{\infty} \frac{\lambda^{k-1}}{(k-1)!} = \lambda e^{-\lambda} \cdot e^{\lambda} = \lambda.$$

$$EX^2 = \sum_{k=0}^{\infty} k^2 \cdot P\{X=k\} = \sum_{k=0}^{\infty} k^2 \frac{\lambda^k}{k!} e^{-\lambda}$$

$$= \sum_{k=1}^{\infty} k \frac{\lambda^k}{(k-1)!} e^{-\lambda} = \sum_{k=1}^{\infty} (k-1+1) \frac{\lambda^k}{(k-1)!} e^{-\lambda}$$

$$= \sum_{k=1}^{\infty} (k-1) \cdot \frac{\lambda^k}{(k-1)!} e^{-\lambda} + \sum_{k=1}^{\infty} \frac{\lambda^k}{(k-1)!} e^{-\lambda}$$

$$= \sum_{k=2}^{\infty} (k-1) \cdot \frac{\lambda^k}{(k-1)!} e^{-\lambda} + \sum_{k=1}^{\infty} \frac{\lambda^k}{(k-1)!} e^{-\lambda}$$

$$= \lambda^2 e^{-\lambda} \cdot \sum_{k=2}^{\infty} \frac{\lambda^{k-2}}{(k-2)!} + \lambda e^{-\lambda} \cdot \sum_{k=1}^{\infty} \frac{\lambda^{k-1}}{(k-1)!}$$

$$= \lambda^2 + \lambda.$$

故 $\quad DX = EX^2 - (EX)^2 = \lambda^2 + \lambda - (\lambda)^2 = \lambda.$

【注】 $0! = 1.$

例 8 【解析】 设 $X \sim P(\lambda)$,则分布律为

$$P\{X=k\} = \frac{\lambda^k}{k!} e^{-\lambda}, k=0,1,2,\cdots.$$

由题设 $P\{X=1\} = P\{X=2\}$,则

$$\frac{\lambda}{1!} e^{-\lambda} = \frac{\lambda^2}{2!} e^{-\lambda}, 解得 \lambda = 2,$$

故 $\quad P\{X=4\} = \frac{2^4}{4!} e^{-2} = \frac{2}{3} e^{-2}.$

例 9 【分析】 一次试验中事件 A 发生概率为 p,独立重复试验,直到事件 A 发生一次则停止试验,总共试验次数记为 X,则 $X \sim Ge(p)$. 设事件 A 发生一次时,总共试验 5 次,

$$\square \quad \square \quad \square \quad \square \quad \times$$

则 $P\{X=5\} = (1-p) \times (1-p) \times (1-p) \times (1-p) \times p,$

【解析】 设 $X \sim Ge(p)$,其分布律为,

$$P\{X=k\} = (1-p)^{k-1} \cdot p, k=1,2,\cdots,$$

由于

$$EX = \sum_{k=1}^{\infty} k \cdot P\{X=k\} = \sum_{k=1}^{\infty} k \cdot (1-p)^{k-1} \cdot p$$

$$= p \cdot \sum_{k=1}^{\infty} k \cdot x^{k-1}\Big|_{x=1-p} = p \cdot \Big(\sum_{k=1}^{\infty} x^k\Big)'\Big|_{x=1-p}$$

$$= p \cdot \Big(\frac{x}{1-x}\Big)'\Big|_{x=1-p} = p \cdot \Big(\frac{x-1+1}{1-x}\Big)'\Big|_{x=1-p}$$

$$= p\Big(-1+\frac{1}{1-x}\Big)'\Big|_{x=1-p} = p \cdot \frac{1}{(1-x)^2}\Big|_{x=1-p} = \frac{1}{p}.$$

$$EX^2 = \sum_{k=1}^{\infty} k^2 \cdot P\{X=k\} = \sum_{k=1}^{\infty} k^2 (1-p)^{k-1} \cdot p$$

$$= p\sum_{k=1}^{\infty} k^2 x^{k-1}\Big|_{x=1-p} = p\sum_{k=1}^{\infty}\big[k(k+1)-k\big]x^{k-1}\Big|_{x=1-p}$$

$$= p \cdot \sum_{k=1}^{\infty} k(k+1)x^{k-1}\Big|_{x=1-p} - p\sum_{k=1}^{\infty} kx^{k-1}\Big|_{x=1-p}$$

$$= p \cdot \Big(\sum_{k=1}^{\infty} x^{k+1}\Big)''\Big|_{x=1-p} - p\Big(\sum_{k=1}^{\infty} x^k\Big)'\Big|_{x=1-p}$$

$$= p \cdot \Big(\frac{x^2-1+1}{1-x}\Big)''\Big|_{x=1-p} - p \cdot \Big(\frac{x-1+1}{1-x}\Big)'\Big|_{x=1-p}$$

$$= p\Big(-(x+1)+\frac{1}{1-x}\Big)''\Big|_{x=1-p} - p\Big(-1+\frac{1}{1-x}\Big)'\Big|_{x=1-p}$$

$$= p \cdot \frac{2}{(1-x)^3}\Big|_{x=1-p} - p \cdot \frac{1}{(1-x)^2}\Big|_{x=1-p}$$

$$= \frac{2}{p^2} - \frac{1}{p},$$

$$DX = EX^2 - (EX)^2 = \frac{2}{p^2} - \frac{1}{p} - \frac{1}{p^2} = \frac{1-p}{p^2}.$$

例 10 【解析】 由题设可知

$$P\{X=2\} = C_3^1(1-p) \cdot p(1-p) \cdot p = 3p^2(1-p)^2,$$

故选(C).

📜 **自我总结**

📝 **自测练习题**

【练习 1】　设离散型随机变量 X 的分布律为

X	-1	2	3
P	0.25	0.5	c

.

求：(1) 常数 c.

　　(2) 期望和方差.

【练习 2】 某特效药的临床有效率为 0.95,今有 10 人服用,问至少有 8 人治愈的概率是多少?

【练习 3】 抛掷一枚质地不均匀的硬币,每次出现正面的概率为 $\frac{2}{3}$,连续抛掷 8 次,以 X 表示出现正面的次数,求:

(1) X 的分布律.

(2) X 的期望和方差.

一维随机变量及其数字特征

【练习 4】 一个电话交换台每分钟收到的呼唤次数服从参数为 4 的泊松分布,求:

(1) 每分钟恰有 8 次呼唤的概率. (2) 期望和方差.

【练习 5】 列出常见离散随机变量的分布律,期望和方差.

第 2 节 一维连续型随机变量及其概率密度

> **本节的重点内容**
>
> 1. 一维连续型随机变量的概率密度及其性质
> 2. 一维连续型随机变量的数字特征
> 3. 常见连续型随机变量的概率密度及数字特征
> 4. 正态分布标准化及标准正态分布的性质

1. 一维连续型随机变量的概率密度及其性质

学习笔记

(1) 非负性. $f(x) \geqslant 0$. (2) 规范性. $\int_{-\infty}^{+\infty} f(x) \mathrm{d}x = 1$.

【注】 利用概率密度计算概率

$$P\{a < X \leqslant b\} = \int_{a}^{b} f(x) \mathrm{d}x, 特别的 P\{X = a\} = 0.$$

$$P\{X > a\} = 1 - P\{X \leqslant a\} = 1 - \int_{-\infty}^{a} f(x) \mathrm{d}x = \int_{a}^{+\infty} f(x) \mathrm{d}x.$$

2. 一维连续型随机变量的数字特征

$(1) EX = \int_{-\infty}^{+\infty} x f(x) \mathrm{d}x, EX^2 = \int_{-\infty}^{+\infty} x^2 f(x) \mathrm{d}x.$

$(2) DX = EX^2 - (EX)^2.$

3. 常见连续型随机变量的概率密度及数字特征

例 1 写出均匀分布 $X \sim U(a,b)$ 的概率密度和数字特征.

练习区域

答案见 60 页

例 2 设随机变量 X 的概率密度为 $f(x) = \begin{cases} ax, & 0 \leqslant x \leqslant 1, \\ 0, & 其他. \end{cases}$

求：(1) 常数 a.

(2) $P\left\{|X| \leqslant \dfrac{1}{2}\right\}$.

(3) X 的期望和方差.

练习区域

答案见 61 页

例 3 写出指数分布 $X \sim E(\lambda)$ 的概率密度和数字特征.

练习区域

答案见 61 页

例　4　设随机变量 X 的概率密度为 $f(x) = a\mathrm{e}^{-|x|}$，$-\infty < x < +\infty$. 求：

(1) 常数 a.

(2) $P\{0 \leqslant X \leqslant 1\}$.

(3) X 的期望和方差.

练习区域

答案见 62 页

例　5　设 X 服从参数为 λ 的指数分布，证明：对任意的 $s > 0$，$t > 0$，有 $P\{X > s+t \mid X > s\} = P\{X > t\}$.

练习区域

答案见 62 页

例 **6** 写出正态分布 $X \sim N(\mu, \sigma^2)$ 的概率密度和数字特征.

练习区域

答案见 63 页

正态分布概率密度的性质:

(1) $f(x)$ 关于 $x = \mu$ 对称.

(2) 当 $x = \mu$ 时, $f_{\max} = \dfrac{1}{\sqrt{2\pi}\sigma}$.

(3) σ 越小, $f(x)$ 图像越细越高.

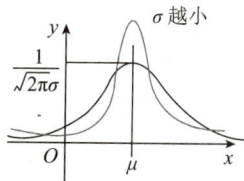

4. 正态分布标准化及标准正态分布的性质

(1) 标准正态分布 $X \sim N(0, 1)$ 的概率密度记为

$$\varphi(x) = \frac{1}{\sqrt{2\pi}} e^{-\frac{x^2}{2}}, \quad -\infty < x < +\infty.$$

$$\Phi(x) = P\{X \leqslant x\} = \int_{-\infty}^{x} \frac{1}{\sqrt{2\pi}} e^{-\frac{t^2}{2}} \mathrm{d}t.$$

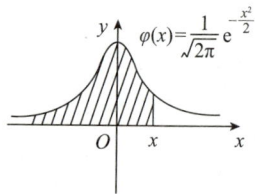

(2) $\varphi(x)$ 与 $\Phi(x)$ 的性质

$$\varphi(-x) = \varphi(x), \Phi(x) + \Phi(-x) = 1,$$

$$\Phi(0) = \int_{-\infty}^{0} \frac{1}{\sqrt{2\pi}} e^{-\frac{t^2}{2}} \mathrm{d}t = \frac{1}{2}, P\{|X| \leqslant a\} = 2\Phi(a) - 1.$$

(3) 正态分布标准化. 设 $X \sim N(\mu, \sigma^2)$, 令 $Y = \dfrac{X - \mu}{\sigma}$ 标准化,

$$P\{X \leqslant x\} = P\left\{\frac{X - \mu}{\sigma} \leqslant \frac{x - \mu}{\sigma}\right\} = \Phi\left(\frac{x - \mu}{\sigma}\right),$$

$$P\{a < X \leqslant b\} = P\left\{\frac{a - \mu}{\sigma} < \frac{X - \mu}{\sigma} \leqslant \frac{b - \mu}{\sigma}\right\}$$

$$= \Phi\left(\frac{b-\mu}{\sigma}\right) - \Phi\left(\frac{a-\mu}{\sigma}\right),$$

$$P\{X \geqslant a\} = P\{X > a\} = 1 - P\{X \leqslant a\} = 1 - \Phi\left(\frac{a-\mu}{\sigma}\right).$$

例 7 设 $X \sim N(0,1)$,证明:对于任意的 $a > 0$,有

$$P\{|X| \leqslant a\} = 2\Phi(a) - 1.$$

练习区域

答案见 63 页

例 8 设 $X \sim N(0,1)$,求:

(1) $P\{X < 2.35\}$.

(2) $P\{X < -3.03\}$.

(3) $P\{|X| \leqslant 1.54\}$.

练习区域

答案见 63 页

一维随机变量及其数字特征

例 **9**　设 $X \sim N(1.5, 4)$，求：

(1) $P\{X < 3.5\}$.

(2) $P\{1.5 < X < 3.5\}$.

(3) $P\{|X| \geqslant 3\}$.

练习区域

答案见 64 页

例题解析

例 **1**　【解析】　由题设 $X \sim U(a, b)$，则

$$f(x) = \begin{cases} \dfrac{1}{b-a}, & a < x < b, \\ 0, & \text{其他}. \end{cases}$$

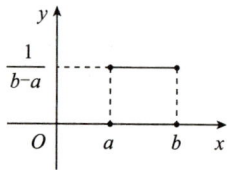

$$EX = \int_{-\infty}^{+\infty} x f(x) \mathrm{d}x = \int_a^b x \frac{1}{b-a} \mathrm{d}x$$

$$= \frac{a+b}{2},$$

$$EX^2 = \int_{-\infty}^{+\infty} x^2 f(x) \mathrm{d}x = \int_a^b x^2 \frac{1}{b-a} \mathrm{d}x = \frac{b^2 + ab + a^2}{3},$$

$$DX = EX^2 - (EX)^2 = \frac{b^2 + ab + a^2}{3} - \left(\frac{a+b}{2}\right)^2 = \frac{1}{12}(b-a)^2.$$

例 2 **【解析】** （1）由概率密度的性质得，

$$\int_{-\infty}^{+\infty} f(x)\,\mathrm{d}x = \int_{-\infty}^{0} 0\,\mathrm{d}x + \int_{0}^{1} ax\,\mathrm{d}x + \int_{1}^{+\infty} 0\,\mathrm{d}x = \frac{1}{2}a = 1,$$

解得 $a = 2$.

$$(2)\, P\left\{|X| \leqslant \frac{1}{2}\right\} = P\left\{-\frac{1}{2} \leqslant X \leqslant \frac{1}{2}\right\} = \int_{-\frac{1}{2}}^{\frac{1}{2}} f(x)\,\mathrm{d}x$$

$$= \int_{0}^{\frac{1}{2}} 2x\,\mathrm{d}x = \frac{1}{4}.$$

$$(3)\, EX = \int_{-\infty}^{+\infty} xf(x)\,\mathrm{d}x = \int_{0}^{1} x \cdot 2x\,\mathrm{d}x = \frac{2}{3},$$

$$EX^2 = \int_{-\infty}^{+\infty} x^2 f(x)\,\mathrm{d}x = \int_{0}^{1} x^2 \cdot 2x\,\mathrm{d}x = \frac{1}{2},$$

$$DX = EX^2 - (EX)^2 = \frac{1}{2} - \left(\frac{2}{3}\right)^2 = \frac{1}{18}.$$

例 3 **【解析】** 由题设 $X \sim E(\lambda)$，则

$$f(x) = \begin{cases} \lambda \mathrm{e}^{-\lambda x}, & x > 0, \\ 0, & 其他. \end{cases}$$

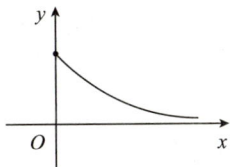

$$EX = \int_{-\infty}^{+\infty} xf(x)\,\mathrm{d}x = \int_{0}^{+\infty} x \cdot \lambda \mathrm{e}^{-\lambda x}\,\mathrm{d}x$$

$$= -\int_{0}^{+\infty} x\,\mathrm{d}\mathrm{e}^{-\lambda x} = -x\mathrm{e}^{-\lambda x}\Big|_{0}^{+\infty} + \int_{0}^{+\infty} \mathrm{e}^{-\lambda x}\,\mathrm{d}x$$

$$= -\frac{1}{\lambda}\mathrm{e}^{-\lambda x}\Big|_{0}^{+\infty} = \frac{1}{\lambda}.$$

$$EX^2 = \int_{-\infty}^{+\infty} x^2 f(x)\,\mathrm{d}x = \int_{0}^{+\infty} x^2 \cdot \lambda \mathrm{e}^{-\lambda x}\,\mathrm{d}x = -\int_{0}^{+\infty} x^2\,\mathrm{d}\mathrm{e}^{-\lambda x}$$

$$= -x^2 \mathrm{e}^{-\lambda x}\Big|_{0}^{+\infty} + \int_{0}^{+\infty} \mathrm{e}^{-\lambda x} \cdot 2x\,\mathrm{d}x = -\frac{2}{\lambda}\int_{0}^{+\infty} x\,\mathrm{d}\mathrm{e}^{-\lambda x}$$

$$= -\frac{2}{\lambda}x\mathrm{e}^{-\lambda x}\Big|_{0}^{+\infty} + \frac{2}{\lambda}\int_{0}^{+\infty} \mathrm{e}^{-\lambda x}\,\mathrm{d}x$$

$$= -\frac{2}{\lambda^2}\mathrm{e}^{-\lambda x}\Big|_{0}^{+\infty} = \frac{2}{\lambda^2}.$$

$$DX = EX^2 - (EX)^2 = \frac{2}{\lambda^2} - \left(\frac{1}{\lambda}\right)^2 = \frac{1}{\lambda^2}.$$

【注】 也可以利用公式 $\int_{0}^{+\infty} x^n \cdot \mathrm{e}^{-x}\,\mathrm{d}x = n!$.

例 4 【解析】 （1）由概率密度的性质得，

$$\int_{-\infty}^{+\infty} f(x)\mathrm{d}x = \int_{-\infty}^{+\infty} a\mathrm{e}^{-|x|}\mathrm{d}x = 2a\int_0^{+\infty} \mathrm{e}^{-x}\mathrm{d}x$$

$$= -2a\mathrm{e}^{-x}\Big|_0^{+\infty} = 2a = 1,$$

解得 $a = \dfrac{1}{2}$.

$$(2)\, P\{0 \leqslant X \leqslant 1\} = \int_0^1 \frac{1}{2}\mathrm{e}^{-|x|}\mathrm{d}x = \frac{1}{2}\int_0^1 \mathrm{e}^{-x}\mathrm{d}x$$

$$= -\frac{1}{2}\mathrm{e}^{-x}\Big|_0^1 = \frac{1}{2}(1 - \mathrm{e}^{-1}).$$

$$(3)\, EX = \int_{-\infty}^{+\infty} xf(x)\mathrm{d}x = \int_{-\infty}^{+\infty} x \cdot \frac{1}{2}\mathrm{e}^{-|x|}\mathrm{d}x = 0.$$

$$EX^2 = \int_{-\infty}^{+\infty} x^2 f(x)\mathrm{d}x = \int_{-\infty}^{+\infty} x^2 \cdot \frac{1}{2}\mathrm{e}^{-|x|}\mathrm{d}x$$

$$= \frac{1}{2} \cdot 2\int_0^{+\infty} x^2\mathrm{e}^{-|x|}\mathrm{d}x = \int_0^{+\infty} x^2\mathrm{e}^{-x}\mathrm{d}x$$

$$= -\int_0^{+\infty} x^2\mathrm{d}\mathrm{e}^{-x} = -x^2\mathrm{e}^{-x}\Big|_0^{+\infty} + \int_0^{+\infty} \mathrm{e}^{-x} \cdot 2x\mathrm{d}x$$

$$= -\int_0^{+\infty} 2x\mathrm{d}\mathrm{e}^{-x} = -2x\mathrm{e}^{-x}\Big|_0^{+\infty} + 2\int_0^{+\infty} \mathrm{e}^{-x}\mathrm{d}x$$

$$= -2\mathrm{e}^{-x}\Big|_0^{+\infty} = 2.$$

$$DX = EX^2 - (EX)^2 = 2 - 0 = 2.$$

【注】 $\displaystyle\int_0^{+\infty} x^2 \cdot \mathrm{e}^{-x}\mathrm{d}x = EX^2 = DX + (EX)^2$

$$= \frac{1}{\lambda^2} + \left(\frac{1}{\lambda}\right)^2 = 1 + 1 = 2.$$

例 5 【证明】 由题设 $X \sim E(\lambda)$，则

$$P\{X > s+t \mid X > s\} = \frac{P\{X > s+t, X > s\}}{P\{X > s\}} = \frac{P\{X > s+t\}}{P\{X > s\}}$$

$$= \frac{\displaystyle\int_{s+t}^{+\infty} \lambda\mathrm{e}^{-\lambda x}\mathrm{d}x}{\displaystyle\int_s^{+\infty} \lambda\mathrm{e}^{-\lambda x}\mathrm{d}x} = \frac{-\mathrm{e}^{-\lambda x}\Big|_{s+t}^{+\infty}}{-\mathrm{e}^{-\lambda x}\Big|_s^{+\infty}}$$

$$= \frac{\mathrm{e}^{-\lambda(s+t)}}{\mathrm{e}^{-\lambda s}} = \mathrm{e}^{-\lambda t}.$$

【注】 结论说明指数分布的无记忆性.

例 6 【解析】 由题设 $X \sim N(\mu, \sigma^2)$，则

$$f(x) = \frac{1}{\sqrt{2\pi}\sigma} e^{-\frac{(x-\mu)^2}{2\sigma^2}}, \ -\infty < x < +\infty.$$

$$EX = \int_{-\infty}^{+\infty} x \cdot \frac{1}{\sqrt{2\pi}\sigma} e^{-\frac{(x-\mu)^2}{2\sigma^2}} dx$$

$$= \int_{-\infty}^{+\infty} (\sigma t + \mu) \cdot \frac{1}{\sqrt{2\pi}\sigma} e^{-\frac{t^2}{2}} \cdot \sigma dt$$

$$= \sigma \int_{-\infty}^{+\infty} t \cdot \frac{1}{\sqrt{2\pi}} e^{-\frac{t^2}{2}} dt + \mu \int_{-\infty}^{+\infty} \frac{1}{\sqrt{2\pi}} e^{-\frac{t^2}{2}} dt$$

$$= 0 + \mu = \mu.$$

$$EX^2 = \int_{-\infty}^{+\infty} x^2 \frac{1}{\sqrt{2\pi}\sigma} e^{-\frac{(x-\mu)^2}{2\sigma^2}} dx$$

$$= \int_{-\infty}^{+\infty} (\sigma t + \mu)^2 \frac{1}{\sqrt{2\pi}\sigma} e^{-\frac{t^2}{2}} \cdot \sigma dt$$

$$= \int_{-\infty}^{+\infty} (\sigma^2 t^2 + 2\sigma\mu t + \mu^2) \frac{1}{\sqrt{2\pi}} e^{-\frac{t^2}{2}} dt$$

$$= \sigma^2 \int_{-\infty}^{+\infty} t^2 \frac{1}{\sqrt{2\pi}} e^{-\frac{t^2}{2}} dt + 2\sigma\mu \int_{-\infty}^{+\infty} t \frac{1}{\sqrt{2\pi}} e^{-\frac{t^2}{2}} dt + \mu^2 \int_{-\infty}^{+\infty} \frac{1}{\sqrt{2\pi}} e^{-\frac{t^2}{2}} dt$$

$$= \sigma^2 + 0 + \mu^2 = \sigma^2 + \mu^2.$$

$$DX = EX^2 - (EX)^2 = \sigma^2 + \mu^2 - \mu^2 = \sigma^2.$$

例 7 【解析】 由标准正态分布函数的性质得

$$P\{|X| \leqslant a\} = P\{-a \leqslant X \leqslant a\} = \Phi(a) - \Phi(-a)$$
$$= \Phi(a) - [1 - \Phi(a)] = 2\Phi(a) - 1.$$

例 8 【解析】 由题设 $X \sim N(0, 1)$，则

(1) $P\{X < 2.35\} = P\{X \leqslant 2.35\} = \Phi(2.35)$.

(2) $P\{X < -3.03\} = \Phi(-3.03) = 1 - \Phi(3.03)$.

(3) $P\{|X| \leqslant 1.54\} = P\{-1.54 \leqslant X \leqslant 1.54\}$
$$= \Phi(1.54) - \Phi(-1.54)$$
$$= \Phi(1.54) - (1 - \Phi(1.54))$$
$$= 2\Phi(1.54) - 1.$$

例 9 【解析】 由题设 $X \sim N(1.5, 2^2)$，则

$(1) P\{X < 3.5\} = P\left\{\dfrac{X-1.5}{2} < \dfrac{3.5-1.5}{2}\right\} = \Phi(1).$

$(2) \quad P\{1.5 < X < 3.5\}$

$\qquad = P\left\{\dfrac{1.5-1.5}{2} < \dfrac{X-1.5}{2} < \dfrac{3.5-1.5}{2}\right\}$

$\qquad = \Phi(1) - \Phi(0) = \Phi(1) - 0.5.$

$(3) P\{|X| \geqslant 3\} = 1 - P\{|X| < 3\} = 1 - P\{-3 < X < 3\}$

$\qquad\qquad = 1 - P\left\{\dfrac{-3-1.5}{2} < \dfrac{X-1.5}{2} < \dfrac{3-1.5}{2}\right\}$

$\qquad\qquad = 1 - [\Phi(0.75) - \Phi(-2.25)]$

$\qquad\qquad = 1 - \Phi(0.75) + 1 - \Phi(2.25)$

$\qquad\qquad = 2 - \Phi(0.75) - \Phi(2.25).$

📃 **自我总结**

自测练习题

【练习1】　设随机变量 X 的概率密度为

$$f(x) = \begin{cases} kx, & 0 \leqslant x < 1, \\ 2-x, & 1 \leqslant x < 2, \\ 0, & \text{其他}. \end{cases}$$

求：(1) 常数 k.

(2) $P\left\{X > \dfrac{1}{2}\right\}$.

(3) X 的期望和方差.

【练习2】　设随机变量 X 的概率密度为

$$f(x) = \begin{cases} a\cos x, & |x| \leqslant \dfrac{\pi}{2}, \\ 0, & \text{其他}. \end{cases}$$

求：(1) 常数 a.

(2) $P\left\{0 < X < \dfrac{\pi}{4}\right\}$.

(3) X 的期望和方差.

【练习 3】$^{(难)}$　设随机变量 X 的概率密度为

$$f(x) = \begin{cases} \dfrac{1000}{x^2}, & x \geqslant 1000, \\ 0, & 其他. \end{cases}$$

求：(1) $P\{X > 1500\}$.

(2) $P\{X \geqslant 1500\}$.

(3) X 的期望和方差.

【练习 4】　设 $X \sim N(3, 2^2)$，求：

(1) $P\{2 < X \leqslant 5\}$，$P\{-4 < X \leqslant 10\}$，$P\{|X| > 2\}$，$P\{X > 3\}$.

(2) 常数 c，使 $P\{X > c\} = P\{X \leqslant c\}$.

第 3 节　　分布函数的定义和随机变量函数的分布

本节的重点内容

1. 一维随机变量分布函数及其性质
2. 常见随机变量的分布函数
3. 一维离散型随机变量函数的分布律
4. 一维连续型随机变量的分布函数

1. 一维随机变量分布函数

学习笔记

1.1 一维随机变量分布函数的定义

设 X 是一个随机变量，x 为任意实数，令 $F(x) = P\{X \leqslant x\}$，称其为随机变量 X 的分布函数. 或记为 $F_X(x)$.

1.2 分布函数的性质

(1) 非负性. $0 \leqslant F(x) \leqslant 1$.

(2) 规范性. $F(-\infty) = \lim\limits_{x \to -\infty} F(x) = 0, F(+\infty) = \lim\limits_{x \to +\infty} F(x) = 1$.

(3) 单调不减性. 设 $x_1 < x_2$，则 $F(x_1) \leqslant F(x_2)$.

(4) 右连续性. $F(x) = F(x+0) = \lim\limits_{\Delta x \to 0^+} F(x + \Delta x)$.

【注】　左零右一，单调不减，右连续.

2. 常见随机变量的分布函数

例 1　设 X 服从 $0 - 1$ 分布，求 X 的分布函数.

练习区域

答案见 75 页

例 2 掷一枚质地均匀的六面体骰子,记 X 为朝上出现的点数,求 X 的分布函数.

练习区域

答案见 75 页

例 3 设 $X \sim U(a,b)$,求 X 的分布函数.

练习区域

答案见 76 页

例 4 设 $X \sim E(\lambda)$，求 X 的分布函数.

练习区域

答案见 76 页

例 5 设 $X \sim N(\mu, \sigma^2)$，求 X 的分布函数.

练习区域

答案见 77 页

例 6 设随机变量 X 的分布函数为

$$F(x) = \begin{cases} a + be^{-\lambda x}, & x > 0, \\ 0, & x \leqslant 0, \end{cases}$$

其中 $\lambda > 0$ 为常数,求常数 a 与 b 的值,及概率密度 $f(x)$.

练习区域

答案见 77 页

3. 一维离散型随机变量函数的分布律

设 X 是离散型随机变量,且其分布律为

$$\begin{array}{c|cccccc} X & x_1 & x_2 & \cdots & x_n & \cdots \\ \hline P & p_1 & p_2 & \cdots & p_n & \cdots \end{array},$$

$Y = g(X)$,则

$$\begin{array}{c|cccccc} X & x_1 & x_2 & \cdots & x_n & \cdots \\ \hline Y & g(x_1) & g(x_2) & \cdots & g(x_n) & \cdots \\ \hline P & p_1 & p_2 & \cdots & p_n & \cdots \end{array},$$

将 Y 相同的取值合并,就是 $Y = g(X)$ 的分布律.

例 7 设随机变量 X 的分布律

$$\begin{array}{c|ccccc} X & 1 & 2 & \cdots & n & \cdots \\ \hline P & \dfrac{1}{2} & \dfrac{1}{2^2} & \cdots & \dfrac{1}{2^n} & \cdots \end{array},$$

求 $Y = \sin\left(\dfrac{\pi}{2}X\right)$ 的分布律.

练习区域

答案见 77 页

4. 一维连续型随机变量函数的分布

设 X 的概率密度为 $f_X(x)$，且 $Y = g(X)$，求 Y 的分布函数.

(1) $F_Y(y) = P\{Y \leqslant y\} = P\{g(X) \leqslant y\} = \displaystyle\int_{g(x)\leqslant y} f_X(x)\mathrm{d}x.$

(2) $f_Y(y) = F'_Y(y).$

例 8 设 $X \sim U\left(-\dfrac{\pi}{2}, \dfrac{\pi}{2}\right)$，令 $Y = \tan X$.

（1）求 Y 的分布函数 $F_Y(y)$.

（2）求 Y 概率密度 $f_Y(y)$.

练习区域

答案见 78 页

例 9　设随机变量 X 的概率密度为

$$f_X(x) = \begin{cases} \dfrac{x}{8}, & 0 < x < 4, \\ 0, & \text{其他}. \end{cases}$$

令 $Y = 2X + 8$ 的概率密度，

(1) 求 Y 的分布函数 $F_Y(y)$.

(2) 求 Y 概率密度 $f_Y(y)$.

练习区域

答案见 78 页

例 **10**　设 $X \sim N(\mu, \sigma^2)$，令 $Y = e^X$，求

(1) Y 的分布函数 $F_Y(y)$.

(2) Y 概率密度 $f_Y(y)$.

练习区域

答案见 79 页

例题解析

例 1　【解析】　由题设可知 X 的分布律为

$$\begin{array}{c|cc} X & 0 & 1 \\ \hline P & 1-p & p \end{array}.$$

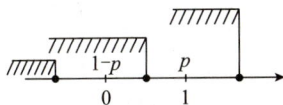

当 $x < 0$ 时，$F(x) = 0$.

当 $0 \leqslant x < 1$ 时，$F(x) = P\{X \leqslant x\} = P\{X = 0\} = 1 - p$.

当 $x \geqslant 1$ 时，$F(x) = P\{X \leqslant x\} = P\{X = 0\} + P\{X = 1\} = 1$.

故 X 的分布函数为

$$F(x) = \begin{cases} 0, & x < 0, \\ 1 - p, & 0 \leqslant x < 1, \\ 1, & x \geqslant 1. \end{cases}$$

例 2　【解析】　由题设可知 X 的分布律为

$$\begin{array}{c|cccccc} X & 1 & 2 & 3 & 4 & 5 & 6 \\ \hline P & \dfrac{1}{6} & \dfrac{1}{6} & \dfrac{1}{6} & \dfrac{1}{6} & \dfrac{1}{6} & \dfrac{1}{6} \end{array}.$$

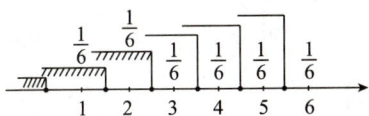

当 $x < 1$ 时，$F(x) = 0$.

当 $1 \leqslant x < 2$ 时，$F(x) = P\{X = 1\} = \dfrac{1}{6}$.

当 $2 \leqslant x < 3$ 时，$F(x) = P\{X = 1\} + P\{X = 2\} = \dfrac{2}{6}$.

当 $3 \leqslant x < 4$ 时，$F(x) = \dfrac{3}{6}$.

当 $4 \leqslant x < 5$ 时，$F(x) = \dfrac{4}{6}$.

当 $5 \leqslant x < 6$ 时，$F(x) = \dfrac{5}{6}$.

当 $x \geqslant 6$ 时，$F(x) = 1$.

故 X 的分布函数为

$$F(x) = \begin{cases} 0, & x < 1, \\ \dfrac{1}{6}, & 1 \leqslant x < 2, \\ \dfrac{1}{3}, & 2 \leqslant x < 3, \\ \dfrac{1}{2}, & 3 \leqslant x < 4, \\ \dfrac{2}{3}, & 4 \leqslant x < 5, \\ \dfrac{5}{6}, & 5 \leqslant x < 6, \\ 1, & x \geqslant 6. \end{cases}$$

例 3 【解析】 由题设 $X \sim U(a, b)$，则

$$f(x) = \begin{cases} \dfrac{1}{b-a}, & a < x < b, \\ 0, & \text{其他.} \end{cases}$$

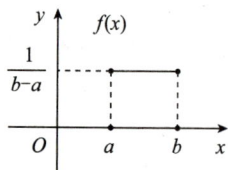

当 $x < a$ 时，

$$F(x) = \int_{-\infty}^{x} f(t)\,\mathrm{d}t = \int_{-\infty}^{x} 0\,\mathrm{d}t = 0,$$

当 $a \leqslant x < b$ 时，

$$F(x) = \int_{-\infty}^{x} f(t)\,\mathrm{d}t = \int_{-\infty}^{a} 0\,\mathrm{d}t + \int_{a}^{x} \frac{1}{b-a}\,\mathrm{d}t = \frac{x-a}{b-a},$$

当 $x \geqslant b$ 时，

$$F(x) = \int_{-\infty}^{a} 0\,\mathrm{d}t + \int_{a}^{b} \frac{1}{b-a}\,\mathrm{d}t + \int_{b}^{x} 0\,\mathrm{d}t = 1.$$

故 X 的分布函数为

$$F(x) = \begin{cases} 0, & x < a, \\ \dfrac{x-a}{b-a}, & a \leqslant x < b, \\ 1, & x \geqslant b. \end{cases}$$

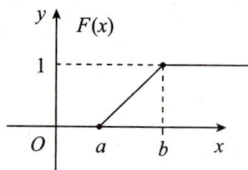

例 4 【解析】 由题设 $X \sim E(\lambda)$，则

$$f(x) = \begin{cases} \lambda \mathrm{e}^{-\lambda x}, & x > 0, \\ 0, & \text{其他.} \end{cases}$$

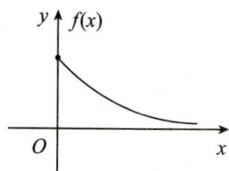

当 $x < 0$ 时，

$$F(x) = \int_{-\infty}^{x} f(t)\,\mathrm{d}t = \int_{-\infty}^{x} 0\,\mathrm{d}t = 0.$$

当 $x \geqslant 0$ 时,

$$F(x) = \int_{-\infty}^{0} f(t)\,dt + \int_{0}^{x} f(t)\,dt$$

$$= 0 + \int_{0}^{x} \lambda e^{-\lambda t}\,dt = -\left. e^{-\lambda t} \right|_{0}^{x}$$

$$= 1 - e^{-\lambda x}.$$

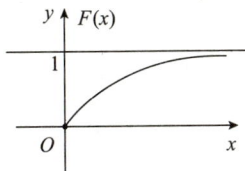

故 X 的分布函数

$$F(x) = \begin{cases} 0, & x < 0, \\ 1 - e^{-\lambda x}, & x \geqslant 0. \end{cases}$$

例 5 【解析】 由题设 $X \sim N(\mu, \sigma^2)$,则 X 的概率密度为

$$f(x) = \frac{1}{\sqrt{2\pi}\sigma} e^{-\frac{(x-\mu)^2}{2\sigma^2}}, \quad -\infty < x < +\infty.$$

则 X 的分布函数为

$$F(x) = \int_{-\infty}^{x} f(t)\,dt = \int_{-\infty}^{x} \frac{1}{\sqrt{2\pi}\sigma} e^{-\frac{(t-\mu)^2}{2\sigma^2}}\,dt$$

$$\xrightarrow{\frac{t-\mu}{\sigma}=s} \int_{-\infty}^{\frac{x-\mu}{\sigma}} \frac{1}{\sqrt{2\pi}\sigma} e^{-\frac{s^2}{2}} \cdot \sigma\,ds$$

$$= \int_{-\infty}^{\frac{x-\mu}{\sigma}} \frac{1}{\sqrt{2\pi}} e^{-\frac{s^2}{2}}\,ds = \Phi\left(\frac{x-\mu}{\sigma}\right).$$

例 6 【解析】 由分布函数性质可知,

$$F(+\infty) = \lim_{x \to +\infty} F(x) = \lim_{x \to +\infty} (a + b e^{-\lambda x}) = a = 1,$$

$$F(0+0) = \lim_{x \to 0^+} (a + b e^{-\lambda x}) = a + b = F(0) = 0,$$

解得 $a = 1, b = -1.$

$$f(x) = F'(x) = (1 - e^{-\lambda x})' = \lambda e^{-\lambda x}, \quad x > 0,$$

$$f(x) = 0, \quad x \leqslant 0.$$

例 7 【解析】 由题设,Y 的取值为 $1, 0, -1$,

X	1	2	3	4	5	6	$\cdots$
Y	1	0	-1	0	1	0	
P	$\frac{1}{2}$	$\frac{1}{2^2}$	$\frac{1}{2^3}$	$\frac{1}{2^4}$	$\frac{1}{2^5}$	$\frac{1}{2^6}$	$\cdots$

则 $P\{Y=1\} = P\left\{\sin\left(\frac{\pi}{2}X\right)=1\right\} = P\{X=1\} + P\{X=5\} + \cdots$

$$= \frac{1}{2} + \frac{1}{2^5} + \frac{1}{2^9} + \cdots = \frac{\frac{1}{2}}{1 - \frac{1}{2^4}} = \frac{8}{15}.$$

$$P\{Y = 0\} = P\left\{\sin\left(\frac{\pi}{2}X\right) = 0\right\} = P\{X = 2\} + P\{X = 4\} + \cdots$$

$$= \frac{1}{2^2} + \frac{1}{2^4} + \frac{1}{2^6} + \cdots = \frac{\frac{1}{2^2}}{1 - \frac{1}{2^2}} = \frac{1}{3}.$$

$$P\{Y = -1\} = P\left\{\sin\left(\frac{\pi}{2}X\right) = -1\right\} = P\{X = 3\} + P\{X = 7\} + \cdots$$

$$= \frac{1}{2^3} + \frac{1}{2^7} + \frac{1}{2^{11}} + \cdots = \frac{\frac{1}{2^3}}{1 - \frac{1}{2^4}} = \frac{2}{15}.$$

故 Y 的分布律为

Y	-1	0	1
P	$\frac{2}{15}$	$\frac{1}{3}$	$\frac{8}{15}$

例 8 【解析】 由题设 $X \sim$

$U\left(-\frac{\pi}{2}, \frac{\pi}{2}\right)$,则 X 的概率密度为

$$f_X(x) = \begin{cases} \frac{1}{\pi}, & -\frac{\pi}{2} < x < \frac{\pi}{2}, \\ 0, & 其他. \end{cases}$$

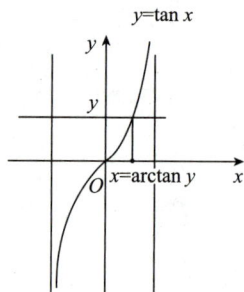

(1) 由分布函数定义得

$$F_Y(y) = P\{Y \leqslant y\}$$

$$= P\{\tan X \leqslant y\} = P\{X \leqslant \arctan y\}$$

$$= \int_{-\frac{\pi}{2}}^{\arctan y} f_X(x)\mathrm{d}x = \int_{-\frac{\pi}{2}}^{\arctan y} \frac{1}{\pi}\mathrm{d}x$$

$$= \frac{1}{\pi}\left(\arctan y + \frac{\pi}{2}\right).$$

(2) 由(1)结论得

$$f_Y(y) = F_Y'(y) = \frac{1}{\pi} \cdot \frac{1}{1 + y^2}, \quad -\infty < y < +\infty.$$

例 9 【解析】 由分布函数定义得

(1) 当 $y < 8$ 时,

$$F_Y(y) = 0.$$

当 $8 \leqslant y < 16$ 时，

$$F_Y(y) = P\{Y \leqslant y\} = P\{2X + 8 \leqslant y\}$$

$$= P\left\{X \leqslant \frac{y-8}{2}\right\} = \int_0^{\frac{y-8}{2}} \frac{x}{8} \mathrm{d}x$$

$$= \frac{1}{16} \cdot \frac{(y-8)^2}{4} = \frac{(y-8)^2}{64}.$$

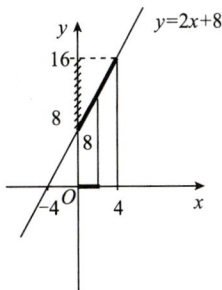

当 $y \geqslant 16$ 时，$F_Y(y) = 1$.

（2）由（1）结论得

$$f_Y(y) = F'_Y(y) = \begin{cases} \dfrac{y-8}{32}, & 8 < y \leqslant 16, \\ 0, & \text{其他}. \end{cases}$$

例 **10**　【解析】　由题设可知 $X \sim N(\mu, \sigma^2)$，则 X 的概率密度为

$$f(x) = \frac{1}{\sqrt{2\pi}\sigma} \mathrm{e}^{-\frac{(x-\mu)^2}{2\sigma^2}}, \quad -\infty < x < +\infty,$$

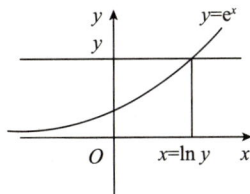

（1）当 $y < 0$ 时，

$$F_Y(y) = 0;$$

当 $y \geqslant 0$ 时，

$$F_Y(y) = P\{Y \leqslant y\} = P\{\mathrm{e}^X \leqslant y\} = P\{X \leqslant \ln y\}$$

$$= \int_{-\infty}^{\ln y} f(x) \mathrm{d}x = \int_{-\infty}^{\ln y} \frac{1}{\sqrt{2\pi}\sigma} \mathrm{e}^{-\frac{(x-\mu)^2}{\sqrt{2\pi}\sigma}} \mathrm{d}x.$$

（2）由（1）结论得

$$f_Y(y) = F'_Y(y) = \begin{cases} \dfrac{1}{\sqrt{2\pi}\sigma} \mathrm{e}^{-\frac{(\ln y - \mu)^2}{2\sigma^2}} \cdot \dfrac{1}{y}, & y > 0, \\ 0, & \text{其他}. \end{cases}$$

📃 **自我总结**

一维随机变量及其数字特征

自测练习题

【练习1】 设离散型随机变量 X 的分布律为

X	-1	0	1	2
P	0.2	0.1	0.3	0.4

求 X 的分布函数.

【练习2】^(难) 设 $X \sim B(3, 0.4)$，令 $Y = \dfrac{X(3-X)}{2}$，求 Y 的分布律.

【练习 3】 设随机变量 X 的分布函数为

$$F(x) = a + b\arctan x, \quad -\infty < x < +\infty.$$

求：(1) 常数 a, b.

(2) $P\{-1 < X \leqslant 1\}$.

【练习 4】 设随机变量 X 的分布函数为

$$F(x) = \begin{cases} 0, & x < 1, \\ \ln x, & 1 \leqslant x < \mathrm{e}, \\ 1, & x \geqslant \mathrm{e}. \end{cases}$$

求：$P\{X \leqslant 2\}, P\{0 < X \leqslant 3\}, P\{2 < X \leqslant 2.5\}$.

【练习5】 $X \sim U(0,1)$,求下列 Y 的概率密度:

(1)$Y = -2\ln X$.

(2)$Y = 3X + 1$.

(3)$Y = \mathrm{e}^X$.

【练习6】 设 X 服从参数为 $\lambda = 1$ 的指数分布,求下列 Y 的概率密度:

(1)$Y = 2X + 1$.

(2)$Y = \mathrm{e}^X$.

(3)$Y = X^2$.

【练习 7】$^{(难)}$ $X \sim N(\mu, \sigma^2)$，求：

(1) $Y = \dfrac{X - \mu}{\sigma}$ 的概率密度.

(2) $Y = aX + b(a > 0)$ 的概率密度.

本章作业超链接 《**基础过关660题**》优选

数学一	521	523	524	527	528	591	
	594	595	596	598	601	616	621
数学三	522	525	526	529	530	591	
	594	595	596	598	601	617	622

第 3 章　二维随机变量及其数字特征

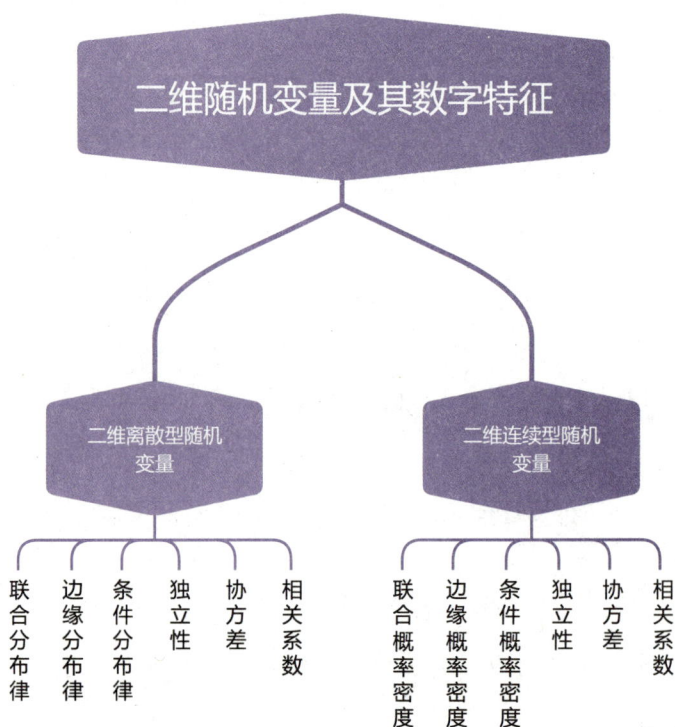

知识梳理与例题

第 1 节　二维离散型随机变量及其分布律

本节的重点内容

1. 二维离散型随机变量的联合分布律、边缘分布律和条件分布律
2. 独立性的判别
3. 二维离散型随机变量的协方差和相关系数

1. 二维离散型随机变量的联合分布律、边缘分布律和条件分布律

1.1 二维离散型随机变量(X,Y)的联合分布律

X＼Y	y_1	y_2	y_3	$p_{i\cdot}$
x_1	p_{11}	p_{12}	p_{13}	$p_1\cdot$
x_2	p_{21}	p_{22}	p_{23}	$p_2\cdot$
$p_{\cdot j}$	$p_{\cdot 1}$	$p_{\cdot 2}$	$p_{\cdot 3}$	

1.2 随机变量X,Y的边缘分布律

X	x_1	x_2
P	$p_1\cdot$	$p_2\cdot$

Y	y_1	y_2	y_3
P	$p_{\cdot 1}$	$p_{\cdot 2}$	$p_{\cdot 3}$

1.3 条件分布律

$$P\{X=x_i|Y=y_j\}=\frac{P\{X=x_i,Y=y_j\}}{P\{Y=y_j\}}=\frac{p_{ij}}{p_{\cdot j}},$$

$$P\{Y=y_j|X=x_i\}=\frac{P\{X=x_i,Y=y_j\}}{P\{X=x_i\}}=\frac{p_{ij}}{p_{i\cdot}}.$$

2. 独立性的判别

2.1 独立性

对于所有的i,j,都有$p_{ij}=p_{i\cdot}\cdot p_{\cdot j}$.

2.2 不独立

存在一组 i, j,满足 $p_{ij} \neq p_{i.} \cdot p_{.j}$.

3. 二维离散型随机变量的协方差和相关系数

3.1 X 与 Y 乘积的期望

$$E(XY) = \sum_{i,j} x_i y_j p_{ij}.$$

3.2 X 与 Y 的协方差

$$\mathrm{Cov}(X, Y) = E(XY) - EX \cdot EY.$$

3.3 X 与 Y 的相关系数

$$\rho_{XY} = \frac{\mathrm{Cov}(X, Y)}{\sqrt{DX} \cdot \sqrt{DY}}.$$

例 1 设二维离散型随机变量 (X, Y) 的概率分布为

X \ Y	0	1	2
0	$\frac{1}{4}$	0	$\frac{1}{4}$
1	0	$\frac{1}{3}$	0
2	$\frac{1}{12}$	0	$\frac{1}{12}$

(1) 求 $P\{X = 2Y\}$.

(2) 求 X, Y 的边缘分布律.

(3) 求 $P\{X = 0 \mid Y = 0\}$.

(4) 问 X 和 Y 是否独立,为什么?

(5) 求 $\mathrm{Cov}(X, Y)$ 和 ρ_{XY}.   (2012 年,数学一改)

答案见 89 页

例 2 已知随机变量 X_1 和 X_2 的概率分布为

$$X_1 \sim \begin{bmatrix} -1 & 0 & 1 \\ \dfrac{1}{4} & \dfrac{1}{2} & \dfrac{1}{4} \end{bmatrix}, X_2 \sim \begin{bmatrix} 0 & 1 \\ \dfrac{1}{2} & \dfrac{1}{2} \end{bmatrix},$$

且 $P\{X_1 X_2 = 0\} = 1$.

(1) 求 X_1 和 X_2 的联合分布.

(2) 求 $P\{X_2 = 0 \mid X_1 = 1\}$.

(3) 问 X_1 和 X_2 是否独立, 为什么?

(4) 求 $\mathrm{Cov}(X_1, X_2)$ 和 $\rho_{X_1 X_2}$.　　　　　（1999 年, 数学四改）

答案见 90 页

二维随机变量及其数字特征

例 **3**   袋中有 1 个红球、2 个黑球与 3 个白球. 现有放回地从袋中取两次,每次取一个球. 以 X, Y, Z 分别表示两次取球所取得的红球、黑球与白球的个数.

(1) 求 $P\{X = 1 \mid Z = 0\}$.

(2) 求二维随机变量 (X, Y) 的概率分布.

(3) 问 X 和 Y 是否独立, 为什么?

(4) 求 $\mathrm{Cov}(X, Y)$ 和 ρ_{XY}.　　　　　　(2009 年, 数学一)

练习区域

答案见 91 页

二维随机变量及其数字特征

例题解析 🔍

例 1 【解析】 由题设可知：

(1) $P\{X = 2Y\} = P\{X = 0, Y = 0\} + P\{X = 2, Y = 1\}$

$$= \frac{1}{4} + 0 = \frac{1}{4}.$$

(2) X, Y 分布律分别为

X	0	1	2
P	$\frac{1}{2}$	$\frac{1}{3}$	$\frac{1}{6}$

Y	0	1	2
P	$\frac{1}{3}$	$\frac{1}{3}$	$\frac{1}{3}$

(3) 条件概率为

$$P\{X = 0 \mid Y = 0\} = \frac{P\{X = 0, Y = 0\}}{P\{Y = 0\}} = \frac{\frac{1}{4}}{\frac{1}{3}} = \frac{3}{4}.$$

(4) 由于 $P\{X = 0, Y = 0\} \neq P\{X = 0\}P\{Y = 0\}$，故 X, Y 不独立.

(5) $EX = 0 \times \frac{1}{2} + 1 \times \frac{1}{3} + 2 \times \frac{1}{6} = \frac{2}{3}.$

$$EX^2 = 0^2 \times \frac{1}{2} + 1^2 \times \frac{1}{3} + 2^2 \times \frac{1}{6} = 1.$$

$$EY = 0 \times \frac{1}{3} + 1 \times \frac{1}{3} + 2 \times \frac{1}{3} = 1.$$

$$EY^2 = 0^2 \times \frac{1}{3} + 1^2 \times \frac{1}{3} + 2^2 \times \frac{1}{3} = \frac{5}{3}.$$

$$DX = EX^2 - (EX)^2 = 1 - \left(\frac{2}{3}\right)^2 = \frac{5}{9}.$$

$$DY = EY^2 - (EY)^2 = \frac{5}{3} - 1^2 = \frac{2}{3}.$$

$$E(XY) = 1 \times 1 \times \frac{1}{3} + 2 \times 2 \times \frac{1}{12} = \frac{2}{3}.$$

$$\mathrm{Cov}(X, Y) = E(XY) - EX \cdot EY = \frac{2}{3} - \frac{2}{3} \times 1 = 0.$$

$$\rho_{XY} = \frac{\mathrm{Cov}(X, Y)}{\sqrt{DX}\sqrt{DY}} = \frac{0}{\frac{\sqrt{5}}{3} \cdot \sqrt{\frac{2}{3}}} = 0.$$

例 **2** 【解析】 (1) 由题设 $P\{X_1X_2=0\}=1$,则

$$P\{X_1X_2\neq0\}=P\{X_1=-1,X_2=1\}+P\{X_1=1,X_2=1\}$$
$$=0,$$

故　　$P\{X_1=-1,X_2=1\}=P\{X_1=1,X_2=1\}=0.$

利用边缘分布律得

$$P\{X_1=-1,X_2=0\}=\frac{1}{4},$$

$$P\{X_1=1,X_2=0\}=\frac{1}{4},$$

$$P\{X_1=0,X_2=0\}=0,$$

$$P\{X_1=0,X_2=1\}=\frac{1}{2}.$$

故 X,Y 的联合分布律为

X_1 ＼ X_2	0	1	$p_{1.}$
-1	$\frac{1}{4}$	0	$\frac{1}{4}$
0	0	$\frac{1}{2}$	$\frac{1}{2}$
1	$\frac{1}{4}$	0	$\frac{1}{4}$
$p_{.2}$	$\frac{1}{2}$	$\frac{1}{2}$	

(2) $P\{X_2=0\,|\,X_1=1\}=\dfrac{P\{X_2=0,X_1=1\}}{P\{X_1=1\}}=\dfrac{\frac{1}{4}}{\frac{1}{4}}=1.$

(3) $P\{X_1=1,X_2=0\}\neq P\{X_1=1\}\cdot P\{X_2=0\}$,故 X_1 与 X_2 不独立.

(4) $EX_1=0,EX_1^2=\dfrac{1}{2},DX_1=\dfrac{1}{2},$

$EX_2=\dfrac{1}{2},EX_2^2=\dfrac{1}{2},DX_2=\dfrac{1}{4},$

$E(X_1X_2)=0,$

$\mathrm{Cov}(X_1,X_2)=E(X_1X_2)-EX_1\cdot EX_2=0,$

$\rho_{X_1X_2}=\dfrac{\mathrm{Cov}(X_1,X_2)}{\sqrt{DX_1}\cdot\sqrt{DX_2}}=0.$

例 3　【解析】　(1) 由题设可知,

$$P\{Z = 0\} = \frac{3 \times 3}{6 \times 6} = \frac{1}{4},$$

$$P\{X = 1, Z = 0\} = \frac{1 \times 2 \times 2}{6 \times 6} = \frac{1}{9},$$

$$P\{X = 1 \mid Z = 0\} = \frac{P\{X = 1, Z = 0\}}{P\{Z = 0\}} = \frac{\frac{1}{9}}{\frac{1}{4}} = \frac{4}{9}.$$

(2) X 与 Y 取值都为 $0, 1, 2$, 则

$$P\{X = 0, Y = 0\} = \frac{3 \times 3}{6 \times 6} = \frac{1}{4},$$

$$P\{X = 0, Y = 1\} = \frac{2 \times 2 \times 3}{6 \times 6} = \frac{1}{3},$$

$$P\{X = 0, Y = 2\} = \frac{2 \times 2}{6 \times 6} = \frac{1}{9},$$

$$P\{X = 1, Y = 0\} = \frac{2 \times 1 \times 3}{6 \times 6} = \frac{1}{6},$$

$$P\{X = 1, Y = 1\} = \frac{2 \times 1 \times 2}{6 \times 6} = \frac{1}{9},$$

$$P\{X = 2, Y = 0\} = \frac{1 \times 1}{6 \times 6} = \frac{1}{36},$$

$$P\{X = 1, Y = 2\} = 0,$$

$$P\{X = 2, Y = 1\} = 0,$$

$$P\{X = 2, Y = 2\} = 0.$$

故 X, Y 的联合分布律为

X \ Y	0	1	2	$p_{1 \cdot}$
0	$\frac{1}{4}$	$\frac{1}{3}$	$\frac{1}{9}$	$\frac{25}{36}$
1	$\frac{1}{6}$	$\frac{1}{9}$	0	$\frac{10}{36}$
2	$\frac{1}{36}$	0	0	$\frac{1}{36}$
$p_{\cdot 2}$	$\frac{4}{9}$	$\frac{4}{9}$	$\frac{1}{9}$	

(3) 由于 $P\{X = 0, Y = 0\} \neq P\{X = 0\} P\{Y = 0\}$, 故 X 与 Y 不独立.

(4) $EX = \frac{10}{36} + \frac{2}{36} = \frac{1}{3},$

$$EX^2 = \frac{10}{36} + \frac{4}{36} = \frac{7}{18},$$

$$DX = EX^2 - (EX)^2 = \frac{5}{18}.$$

$$EY = \frac{4}{9} + \frac{2}{9} = \frac{2}{3},$$

$$EY^2 = \frac{4}{9} + \frac{4}{9} = \frac{8}{9},$$

$$DY = EY^2 - (EY)^2 = \frac{4}{9}.$$

$$E(XY) = 1 \times 1 \times \frac{1}{9} = \frac{1}{9}.$$

$$\text{Cov}(X,Y) = E(XY) - EX \cdot EY = \frac{1}{9} - \frac{1}{3} \cdot \frac{2}{3} = -\frac{1}{9},$$

$$\rho_{XY} = \frac{\text{Cov}(X,Y)}{\sqrt{DX}\,\sqrt{DY}} = \frac{-\dfrac{1}{9}}{\sqrt{\dfrac{5}{18} \cdot \dfrac{2}{3}}} = -\frac{\sqrt{10}}{10}.$$

📃 自我总结

自测练习题

【练习 1】 设 (X,Y) 的联合分布律为

X \ Y	1	2	3
0	0.1	0.1	0.3
1	0.25	0	0.25

求：$(1) P\{X=0\}.$

$(2) P\{Y \leqslant 2\}.$

$(3) P\{X<1, Y \leqslant 2\}.$

$(4) P\{X+Y=2\}.$

【练习2】 设(X,Y)的联合分布律为

X \ Y	-1	0	2
0	$\dfrac{1}{3}$	$\dfrac{a}{6}$	$\dfrac{1}{4}$
1	0	$\dfrac{1}{4}$	a^2

(1) 求a的值.

(2) 判断X,Y是否独立.

(3) 求$\mathrm{Cov}(X,Y)$和ρ_{XY}.

【练习3】　现有 $1,2,3$ 三个整数, X 表示从这三个数字中随机抽取的一个整数, Y 表示从 1 至 X 中随机抽取的一个整数,求:

(1) (X,Y) 的联合分布律.

(2) X,Y 的边缘分布律.

【练习 4】 设盒中有 2 个红球 3 个白球,从中每次任取一球,连续取两次,记 X,Y 分别表示第一次与第二次取出的红球个数.

(1)有放回摸球,求 (X,Y) 的联合分布律与边缘分布律,判断 X 与 Y 的独立性,求 $\mathrm{Cov}(X,Y)$ 和 ρ_{XY}.

(2)不放回摸球,求 (X,Y) 的联合分布律与边缘分布律,判断 X 与 Y 的独立性,求 $\mathrm{Cov}(X,Y)$ 和 ρ_{XY}.

【练习 5】 设随机变量 X 与 Y 的概率分布分别为

X	0	1
P	$\frac{1}{3}$	$\frac{2}{3}$

Y	-1	0	1
P	$\frac{1}{3}$	$\frac{1}{3}$	$\frac{1}{3}$

且 $P\{X^2 = Y^2\} = 1$.

(1) 求二维随机变量 (X,Y) 的概率分布.

(2) 求 $Z = XY$ 的概率分布.

(3) 求 X 与 Y 的相关系数 ρ_{XY}.　　　　　　　(2011 年,数学一)

【练习 6】$^{(难)}$ 设二维随机变量 (X,Y) 的概率分布为

Y＼X	0	1
0	0.4	a
1	b	0.1

已知随机事件 $\{X=0\}$ 与 $\{X+Y=1\}$ 相互独立,则

(A)$a=0.2,b=0.3$.　　　　　　(B)$a=0.4,b=0.1$.

(C)$a=0.3,b=0.2$.　　　　　　(D)$a=0.1,b=0.4$.

(2005 年,数学一)

第 2 节 二维连续型随机变量及其联合概率密度

本节的重点内容

1. 二维连续型随机变量的联合概率密度、边缘概率密度和条件概率密度

2. 独立性的判别

3. 二维连续型随机变量的协方差和相关系数

1. 二维连续型随机变量的联合概率密度、边缘概率密度和条件概率密度

1.1 边缘概率密度

$$f_X(x) = \int_{-\infty}^{+\infty} f(x,y)\mathrm{d}y, f_Y(y) = \int_{-\infty}^{+\infty} f(x,y)\mathrm{d}x.$$

1.2 条件概率密度

$$f_{X|Y}(x \mid y) = \frac{f(x,y)}{f_Y(y)}, f_{Y|X}(y|x) = \frac{f(x,y)}{f_X(x)}.$$

2. 独立性的判别

$$f(x,y) = f_X(x)f_Y(y) \Leftrightarrow X \text{ 与 } Y \text{ 独立}.$$

3. 二维连续型随机变量的协方差和相关系数

$$EX = \int_{-\infty}^{+\infty} x f_X(x)\mathrm{d}x,$$

$$EX^2 = \int_{-\infty}^{+\infty} x^2 f_X(x)\mathrm{d}x \Rightarrow DX = EX^2 - (EX)^2.$$

$$EY = \int_{-\infty}^{+\infty} y f_Y(y)\mathrm{d}y,$$

$$EY^2 = \int_{-\infty}^{+\infty} y^2 f_Y(y)\mathrm{d}y \Rightarrow DY = EY^2 - (EY)^2.$$

3.1 X 与 Y 乘积的数学期望

$$E(XY) = \int_{-\infty}^{+\infty} \int_{-\infty}^{+\infty} xyf(x,y)\mathrm{d}x\mathrm{d}y.$$

3.2 X 与 Y 的协方差

$$\mathrm{Cov}(X,Y) = E(XY) - EX \cdot EY.$$

3.3 X 与 Y 的相关系数

$$\rho_{XY} = \frac{\mathrm{Cov}(X,Y)}{\sqrt{DX}\sqrt{DY}}.$$

4. 概率密度性质

(1) $f(x,y) \geqslant 0$.

(2) $\int_{-\infty}^{+\infty} \int_{-\infty}^{+\infty} f(x,y)\mathrm{d}x\mathrm{d}y = 1$.

(3) $F(x,y) = \int_{-\infty}^{x} \int_{-\infty}^{y} f(u,v)\mathrm{d}v\mathrm{d}u$.

(4) $f(x,y) = \dfrac{\partial^2 F(x,y)}{\partial x \partial y}$.

例 1　设二维随机变量 (X,Y) 的概率密度为

$$f(x,y) = \begin{cases} \mathrm{e}^{-x}, & 0 < y < x, \\ 0, & 其他. \end{cases}$$

(1) 求 X,Y 的边缘概率密度.

(2) 问 X 与 Y 是否相互独立？

(3) 求条件概率密度 $f_{Y|X}(y \mid x)$.

(4) 求条件概率 $P\{X \leqslant 1 | Y \leqslant 1\}$.

(5) 求 $\mathrm{Cov}(X,Y)$ 和 ρ_{XY}.　　　　　　　(2009 年,数学三改)

答案见 103 页

例 **2** 设二维随机变量 (X,Y) 服从区域 G 上的均匀分布, 其中 G 是由 $x-y=0, x+y=2$ 与 $y=0$ 所围成的三角形区域.

(1) 求 X,Y 的边缘概率密度 $f_X(x), f_Y(y)$.

(2) 问 X 与 Y 是否相互独立?

(3) 求条件概率密度 $f_{X|Y}(x \mid y)$.

(4) 求 $\mathrm{Cov}(X,Y)$ 和 ρ_{XY}.　　　　　　　(2011 年, 数学三改)

答案见 104 页

二维随机变量及其数字特征

例 **3** 设随机变量 X 在区间 $(0,1)$ 上服从均匀分布,在 $X = x(0 < x < 1)$ 的条件下,随机变量 Y 在区间 $(0,x)$ 内服从均匀分布,求:

(1) X 的概率密度.

(2) 随机变量 X 和 Y 的联合概率密度.

(3) Y 的概率密度.

(4) 概率 $P\{X+Y>1\}$. (2004 年,数学四改)

练习区域

答案见 105 页

二维随机变量及其数字特征

例题解析 🔍

例 1 【解析】 (1) 由题设可知,X 的边缘概率密度为

当 $x \leqslant 0$ 时,$f_X(x) = 0$.

当 $x > 0$ 时,$f_X(x) = \int_0^x e^{-x} \mathrm{d}y = x e^{-x}$.

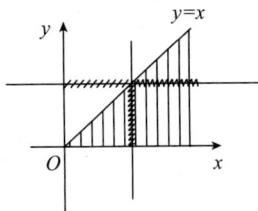

Y 的边缘概率密度为

当 $y \leqslant 0$ 时,$f_Y(y) = 0$.

当 $y > 0$ 时,$f_Y(y) = \int_y^{+\infty} e^{-x} \mathrm{d}x = e^{-y}$.

(2) 由于 $f(x,y) \neq f_X(x) f_Y(y)$,故 X 与 Y 不独立.

(3) 当 $f_X(x) > 0$ 即 $x > 0$ 时,条件概率密度为

$$f_{Y|X}(y \mid x) = \frac{f(x,y)}{f_X(x)} = \begin{cases} \dfrac{1}{x}, & 0 < y < x, \\ 0, & \text{其他.} \end{cases}$$

(4) $P\{X \leqslant 1 \mid Y \leqslant 1\} = \dfrac{P\{X \leqslant 1, Y \leqslant 1\}}{P\{Y \leqslant 1\}}$

$$= \frac{\int_0^1 \mathrm{d}x \int_0^x e^{-x} \mathrm{d}y}{\int_0^1 e^{-y} \mathrm{d}y} = \frac{\int_0^1 x e^{-x} \mathrm{d}x}{-e^{-y} \Big|_0^1}$$

$$= \frac{-\int_0^1 x \mathrm{d}e^{-x}}{1 - e^{-1}} = \frac{-x e^{-x} \Big|_0^1 - e^{-x} \Big|_0^1}{1 - e^{-1}}$$

$$= \frac{-e^{-1} - e^{-1} + 1}{1 - e^{-1}} = \frac{e-2}{e-1}.$$

(5) $EX = \int_0^{+\infty} x \cdot x e^{-x} \mathrm{d}x = -\int_0^{+\infty} x^2 \mathrm{d}e^{-x}$

$$= -x^2 e^{-x} \Big|_0^{+\infty} + \int_0^{+\infty} e^{-x} \cdot 2x \mathrm{d}x$$

$$= -2 \int_0^{+\infty} x \mathrm{d}e^{-x} = -2x e^{-x} \Big|_0^{+\infty} + 2 \int_0^{+\infty} e^{-x} \mathrm{d}x$$

$$= -2 e^{-x} \Big|_0^{+\infty} = 2.$$

$EX^2 = \int_0^{+\infty} x^2 \cdot x e^{-x} \mathrm{d}x = 3! = 6$.

$DX = EX^2 - (EX)^2 = 6 - 2^2 = 2$.

$EY = \int_0^{+\infty} y e^{-y} \mathrm{d}y = 1$.

$$EY^2 = \int_0^{+\infty} y^2 \mathrm{e}^{-y} \mathrm{d}y = 2,$$

$$DY = EY^2 - (EY)^2 = 2 - 1^2 = 1.$$

$$E(XY) = \int_0^{+\infty} \mathrm{d}x \int_0^x xy\mathrm{e}^{-x} \mathrm{d}y = \int_0^{+\infty} x\mathrm{e}^{-x} \cdot \frac{1}{2} x^2 \mathrm{d}x$$

$$= \frac{1}{2} \int_0^{+\infty} x^3 \mathrm{e}^{-x} \mathrm{d}x = 3.$$

$$\mathrm{Cov}(X,Y) = E(XY) - EX \cdot EY = 3 - 2 \times 1 = 1.$$

$$\rho_{XY} = \frac{\mathrm{Cov}(X,Y)}{\sqrt{DX}\sqrt{DY}} = \frac{1}{\sqrt{2} \cdot 1} = \frac{\sqrt{2}}{2}.$$

例 2 【解析】 由题设 (X,Y) 的联合概率密度函数为

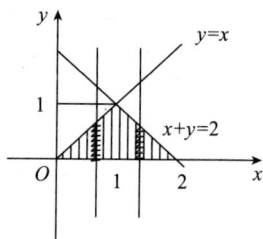

$$f(x,y) = \begin{cases} 1, & (x,y) \in G, \\ 0, & \text{其他}. \end{cases}$$

(1) X 的边缘概率密度为

当 $x \leqslant 0$ 或 $x \geqslant 2$ 时，$f_X(x) = 0$.

当 $0 < x \leqslant 1$ 时，$f_X(x) = \int_0^x 1\mathrm{d}y = x$.

当 $1 < x \leqslant 2$ 时，$f_X(x) = \int_0^{2-x} 1\mathrm{d}y = 2 - x$.

Y 的边缘概率密度为

当 $y \leqslant 0$ 或 $y > 1$ 时，$f_Y(y) = 0$.

当 $0 < y \leqslant 1$ 时，$f(y) = \int_y^{2-y} 1\mathrm{d}x = 2 - 2y$.

(2) 由于 $f(x,y) \neq f_X(x)f_Y(y)$，故 X 与 Y 不独立.

(3) 当 $f_Y(y) > 0$ 即 $0 < y \leqslant 1$ 时，

$$f_{X|Y}(x \mid y) = \frac{f(x,y)}{f_Y(y)}$$

$$= \begin{cases} \dfrac{1}{2(1-y)}, & 0 < y < x < 2 - y \leqslant 2, \\ 0, & \text{其他}. \end{cases}$$

(4) $EX = \int_0^1 x \cdot x\mathrm{d}x + \int_1^2 x(2-x)\mathrm{d}x = 1.$

$$EX^2 = \int_0^1 x^2 \cdot x\mathrm{d}x + \int_1^2 x^2(2-x)\mathrm{d}x = \frac{7}{6}.$$

$$DX = EX^2 - (EX)^2 = \frac{7}{6} - 1 = \frac{1}{6}.$$

$$EY = \int_0^1 y \cdot 2(1-y)\mathrm{d}y = \frac{1}{3}.$$

$$EY^2 = \int_0^1 y^2 \cdot 2(1-y)\mathrm{d}y = \frac{1}{6}.$$

$$DY = EY^2 - (EY)^2 = \frac{1}{6} - \left(\frac{1}{3}\right)^2 = \frac{1}{18}.$$

$$E(XY) = \int_0^1 \mathrm{d}y \int_y^{2-y} xy \cdot 1 \mathrm{d}x = \int_0^1 y\frac{1}{2}\left[(2-y)^2 - y^2\right]\mathrm{d}y$$

$$= \int_0^1 (2y - 2y^2)\mathrm{d}y = 1 - \frac{2}{3} = \frac{1}{3}.$$

$$\mathrm{Cov}(X,Y) = E(XY) - EX \cdot EY = \frac{1}{3} - 1 \times \frac{1}{3} = 0.$$

$$\rho_{XY} = \frac{\mathrm{Cov}(X,Y)}{\sqrt{DX}\sqrt{DY}} = 0.$$

例 **3**　【解析】　(1) 由题设 $X \sim U(0,1)$，则 X 的边缘概率密度为

$$f_X(x) = \begin{cases} 1, & 0 < x < 1, \\ 0, & 其他. \end{cases}$$

(2) 条件概率密度为

$$f_{Y|X}(y|x) = \begin{cases} \dfrac{1}{x}, & 0 < y < x < 1, \\ 0, & 其他. \end{cases}$$

联合概率密度为

$$f(x,y) = f_X(x)f_{Y|X}(y|x)$$

$$= \begin{cases} \dfrac{1}{x}, & 0 < y < x < 1, \\ 0, & 其他. \end{cases}$$

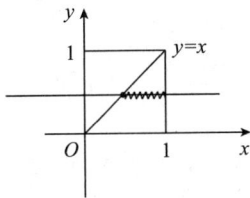

(3) Y 的边缘概率密度

当 $y \leqslant 0$，或 $y > 1$ 时，

$$f_Y(y) = 0;$$

当 $0 < y \leqslant 1$ 时，

$$f_Y(y) = \int_y^1 \frac{1}{x}\mathrm{d}x = \ln x \Big|_y^1 = -\ln y.$$

(4) $P\{X+Y > 1\} = \iint\limits_{x+y>1} f(x,y)\mathrm{d}x\mathrm{d}y = \int_{\frac{1}{2}}^1 \mathrm{d}x \int_{1-x}^x \frac{1}{x}\mathrm{d}y$

$$= \int_{\frac{1}{2}}^1 \frac{1}{x}(x-1+x)\mathrm{d}x = \int_{\frac{1}{2}}^1 \left(2 - \frac{1}{x}\right)\mathrm{d}x$$

$$= 1 + \ln\frac{1}{2} = 1 - \ln 2.$$

自我总结

_____

_____

_____

_____

_____

_____

_____

自测练习题

【练习 1】 设二维随机变量 (X, Y) 具有联合概率密度

$$f(x, y) = \begin{cases} \dfrac{1+xy}{4}, & |x| < 1, |y| < 1, \\ 0, & \text{其他}. \end{cases}$$

(1) 求 X, Y 的边缘概率密度 $f_X(x), f_Y(y)$.

(2) 问 X 与 Y 是否相互独立?

【练习 2】[难] 设 (X,Y) 是二维随机变量, X 的边缘概率密度为

$$f_X(x) = \begin{cases} 3x^2, & 0 < x < 1, \\ 0, & \text{其他}, \end{cases}$$

在给定 $X = x(0 < x < 1)$ 的条件下 Y 的条件概率密度为

$$f_{Y|X}(y \mid x) = \begin{cases} \dfrac{3y^2}{x^3}, & 0 < y < x, \\ 0, & \text{其他}. \end{cases}$$

(1) 求 (X,Y) 的联合概率密度 $f(x,y)$.

(2) 求 Y 的边缘概率密度 $f_Y(y)$.

(3) 求 $P\{X > 2Y\}$. (2013 年, 数学三)

【练习3】[难]　设 (X,Y) 服从区域 $D:\{(x,y)\mid 0\leqslant y\leqslant 1-x^2\}$ 上的均匀分布,区域 $B:\{(x,y)\mid y\geqslant x^2\}$,求:

(1) (X,Y) 的联合概率密度.

(2) X,Y 的边缘概率密度.

(3) $P\{(X,Y)\in B\}$.

本章作业超链接 《基础过关660题》优选

数学一	530	531	533	536	537	540	542	545
	548	550	603	604	605	607	610	612
	613	615	617	622	624	626	631	633
数学三	532	533	536	539	540	543	545	548
	551	553	618	623	625	627	632	635

第 4 章　　大数定律及中心极限定理

本章知识框图

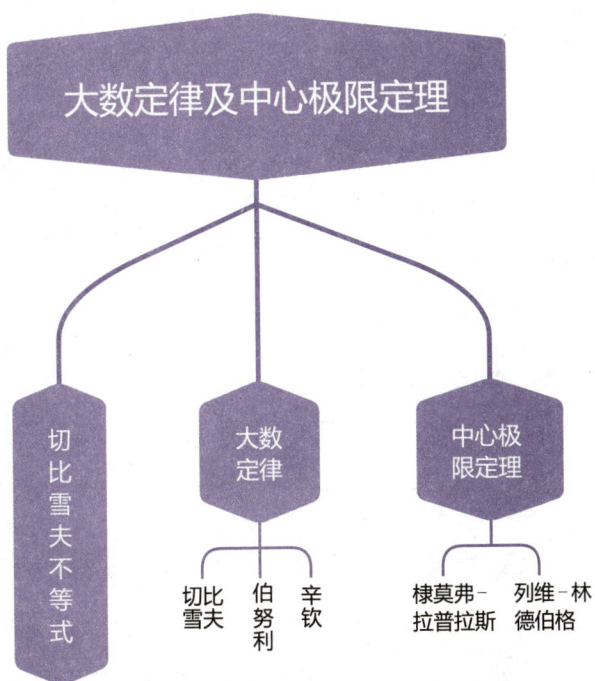

知识梳理与例题

大数定律及中心极限定理

本节的重点内容

1. 切比雪夫不等式
2. 依概率收敛
3. 大数定律
4. 中心极限定理

学习笔记

1. 切比雪夫不等式

设随机变量 X 的数学期望 EX 和方差 DX 都存在,则对任意 $\varepsilon > 0$,有

$$P\{|X - EX| \geqslant \varepsilon\} \leqslant \frac{DX}{\varepsilon^2},$$

称为切比雪夫不等式.

【注1】 另一种等价形式

$$P\{|X - EX| < \varepsilon\} \geqslant 1 - \frac{DX}{\varepsilon^2}.$$

【注2】 随机变量 X 在 EX 附近概率更大.

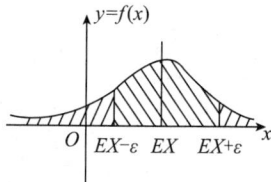

例 **1** 设随机变量 X 的数学期望 $EX = \mu$,方差 $DX = \sigma^2$,则由切比雪夫不等式,有 $P\{|X - \mu| \geqslant 3\sigma\} \leqslant$ _____.

(1989 年,数学四)

练习区域

答案见 116 页

例 2 设随机变量 X 的方差为 2,则根据切比雪夫不等式有估计 $P\{|X-EX|\geqslant 2\}\leqslant$ _____. （2001,数学一）

练习区域

答案见 116 页

2. 依概率收敛

设 $X_1,X_2,\cdots,X_n,\cdots$ 是一个随机变量序列,A 是一个实数,若对于任意给定的 $\varepsilon>0$,有

$$\lim_{n\to\infty}P\{|X_n-A|<\varepsilon\}=1,$$

则称随机变量序列 $X_1,X_2,\cdots,X_n,\cdots$ 依概率收敛于 A,记为 $X_n\xrightarrow{P}A$.

3. 大数定律

3.1 切比雪夫大数定律

设 $X_1,X_2,\cdots,X_n,\cdots$ 是两两独立(或两两不相关)的随机变量序列,EX_i 和 DX_i 都存在,且存在常数 C,使 $DX_i\leqslant C,i=1,2,\cdots,n,\cdots$,则对任意给定的 $\varepsilon>0$,有

$$\lim_{n\to\infty}P\left\{\left|\frac{1}{n}\sum_{i=1}^{n}X_i-\frac{1}{n}\sum_{i=1}^{n}EX_i\right|<\varepsilon\right\}=1.$$

3.2 伯努利大数定律

设 n_A 是 n 重伯努利试验中事件 A 发生的次数,$p=P(A)$ 是每次

大数定律及中心极限定理

试验中事件 A 发生的概率,则对任意给定的 $\varepsilon > 0$,有

$$\lim_{n \to \infty} P\left\{ \left| \frac{n_A}{n} - p \right| < \varepsilon \right\} = 1.$$

3.3 辛钦大数定律

设随机变量 $X_1, X_2, \cdots, X_n, \cdots$ 独立同分布,且期望 $EX_i = \mu, i = 1, 2, \cdots$ 存在,则对任意给定的 $\varepsilon > 0$,有

$$\lim_{n \to \infty} P\left\{ \left| \frac{1}{n} \sum_{i=1}^{n} X_i - \mu \right| < \varepsilon \right\} = 1.$$

【注】 (1)辛钦大数定律不要求方差存在,这是与其他大数定律不同的地方.

(2)大数定律是矩估计的理论基础

$$\overline{X} = \frac{1}{n} \sum_{i=1}^{n} X_i \xrightarrow{P} EX, \frac{1}{n} \sum_{i=1}^{n} X_i^2 \xrightarrow{P} EX^2.$$

例 3 设总体 X 服从参数为 2 的指数分布,$X_1, X_2, \cdots, X_n$ 是来自总体 X 的简单随机样本,则当 $n \to \infty$ 时,$Y_n = \frac{1}{n} \sum_{i=1}^{n} X_i^2$ 依概率收敛于_____. (2003 年,数学三)

练习区域

答案见 116 页

大数定律及中心极限定理

4. 中心极限定理

4.1 棣莫弗-拉普拉斯中心极限定理

设随机变量序列 $\{X_n\}$ 均服从参数为 n 和 p 的二项分布,即 $X_n \sim B(n,p)$,则对任意实数 x,有

$$\lim_{n\to\infty} P\left\{\frac{X_n - np}{\sqrt{np(1-p)}} \leqslant x\right\} = \Phi(x),$$

其中 $\Phi(x)$ 为标准正态分布的分布函数.

4.2 列维-林德伯格中心极限定理

设随机变量序列 $\{X_n\}$ 独立同分布,期望 $EX_i = \mu$,方差 $DX_i = \sigma^2 > 0, i = 1,2,\cdots$,则对任意实数 x,有

$$\lim_{n\to\infty} P\left\{\frac{\sum_{i=1}^{n} X_i - n\mu}{\sqrt{n}\sigma} \leqslant x\right\} = \Phi(x),$$

其中 $\Phi(x)$ 为标准正态分布的分布函数.

【注】 中心极限定理思想:独立同分布的随机变量的和近似服从正态分布,若

$$\sum_{i=1}^{n} X_i = X_1 + X_2 + \cdots + X_n \sim N(\mu,\sigma^2),$$

则

$$\frac{\sum_{i=1}^{n} X_i - \mu}{\sigma} \sim N(0,1).$$

例 4 设随机变量 $X_1, X_2, \cdots, X_n$ 相互独立,$S_n = X_1 + X_2 + \cdots + X_n$,则根据列维-林德伯格中心极限定理,当 n 充分大时,S_n 近似服从正态分布,只要 $X_1, X_2, \cdots, X_n$

(A)有相同的数学期望.

(B)有相同的方差.

(C)服从同一指数分布.

(D)服从同一离散型分布. (2002 年,数学四)

练习区域

答案见 116 页

例 5 设 $X_1, X_2, \cdots, X_n, \cdots$ 为独立同分布的随机变量序列,且均服从参数为 $\lambda(\lambda > 1)$ 的指数分布,记 $\Phi(x)$ 为标准正态分布函数,则

(A) $\lim\limits_{n \to \infty} P\left\{ \dfrac{\sum\limits_{i=1}^{n} X_i - n\lambda}{\lambda\sqrt{n}} \leqslant x \right\} = \Phi(x).$

(B) $\lim\limits_{n \to \infty} P\left\{ \dfrac{\sum\limits_{i=1}^{n} X_i - n\lambda}{\sqrt{n\lambda}} \leqslant x \right\} = \Phi(x).$

(C) $\lim\limits_{n \to \infty} P\left\{ \dfrac{\lambda\sum\limits_{i=1}^{n} X_i - n}{\sqrt{n}} \leqslant x \right\} = \Phi(x).$

(D) $\lim\limits_{n \to \infty} P\left\{ \dfrac{\sum\limits_{i=1}^{n} X_i - \lambda}{\sqrt{n\lambda}} \leqslant x \right\} = \Phi(x).$ (2005 年,数学四)

答案见 116 页

例 6 设 $\Phi(x)$ 为标准正态分布函数，

$$X_i = \begin{cases} 0, & \text{事件 } A \text{ 不发生}, \\ 1, & \text{事件 } A \text{ 发生} \end{cases} (i = 1, 2, \cdots, 100),$$

且 $P(A) = 0.8$，$X_1, X_2, \cdots, X_{100}$ 相互独立. 令 $Y = \sum\limits_{i=1}^{100} X_i$，则由中心极限定理知 Y 的分布 $F(y)$ 近似于

(A) $\Phi(y)$.　　　　　　　(B) $\Phi\left(\dfrac{y-80}{4}\right)$.

(C) $\Phi(16y+80)$.　　　　(D) $\Phi(4y+80)$.

答案见 117 页

大数定律及中心极限定理

例题解析

例 1 【解析】 由切比雪夫不等式

$$P\{|X - \mu| \geqslant 3\sigma\} \leqslant \frac{\sigma^2}{(3\sigma)^2} = \frac{1}{9}.$$

例 2 【解析】 由切比雪夫不等式

$$P\{|X - EX| \geqslant 2\} \leqslant \frac{2}{2^2} = \frac{1}{2}.$$

例 3 【解析】 由题设 $X \sim E(2)$，则 $EX = \frac{1}{2}, DX = \frac{1}{4}$，故

$$EX^2 = DX + (EX)^2 = \frac{1}{4} + \left(\frac{1}{2}\right)^2 = \frac{1}{2}.$$

根据辛钦大数定律知

$$Y_n = \frac{1}{n}\sum_{i=1}^n X_i^2 \xrightarrow{P} EX^2 = \frac{1}{2}.$$

例 4 【解析】 由列维-林德伯格中心极限定理得，

（A）不成立，因为 X_i 有相同的数学期望，并不能保证 X_i 方差存在.

（B）不成立，因为 X_i 有相同方差，但数学期望不一定存在，如 X 服从柯西分布.

（C）服从同一指数分布，期望和方差都存在，且独立，则 $S_n \sim N\left(\frac{n}{\lambda}, \frac{n}{\lambda^2}\right)$，选（C）.

（D）不成立，因为 X_i 服从同一离散分布也不能保证数学期望和方差均存在.

例 5 【解析】 由题设得，$X_i \sim E(\lambda)$，则 $E(X_i) = \frac{1}{\lambda}, D(X_i) = \frac{1}{\lambda^2}$. 随机变量序列 $X_1, X_2, \cdots, X_n, \cdots$ 相互独立，则

$$E(\sum_{i=1}^n X_i) = \frac{n}{\lambda}, D(\sum_{i=1}^n X_i) = \frac{n}{\lambda^2},$$

根据列维-林德伯格中心极限定理，对于任意实数 x，有

$$\lim_{n \to \infty} P\left\{ \frac{\sum\limits_{i=1}^{n} X_i - \dfrac{n}{\lambda}}{\dfrac{\sqrt{n}}{\lambda}} \leqslant x \right\} = \lim_{n \to \infty} P\left\{ \frac{\lambda \sum\limits_{i=1}^{n} X_i - n}{\sqrt{n}} \leqslant x \right\} = \Phi(x).$$

故选(C).

例 6 【解析】 由题设 X_i 服从 $0-1$ 分布,则

X_i	0	1
P	0.2	0.8

$,EX_i = 0.8, DX_i = 0.16.$ 故

$$EY = E(X_1 + X_2 + \cdots + X_{100}) = EX_1 + EX_2 + \cdots + EX_n = 80,$$

$$DY = D(X_1 + X_2 + \cdots + X_{100}) = DX_1 + DX_2 + \cdots + DX_n = 16.$$

则 $Y = \sum\limits_{i=1}^{100} X_i \sim N(80, 16)$,故

$$F(y) = P\{Y \leqslant y\} = P\left\{ \frac{Y - 80}{4} \leqslant \frac{y - 80}{4} \right\} = \Phi\left(\frac{y - 80}{4} \right),$$

故选(B).

📋 **自我总结**

_____

_____

_____

_____

_____

_____

_____

大数定律及中心极限定理

自测练习题 ✍

【练习1】 设 $E(X)=-1, D(X)=4$，则由切比雪夫不等式估计概率 $P\{-4<X<2\}\geqslant$ _____.

【练习2】 设随机变量 $X\sim U(0,1)$，由切比雪夫不等式可得

$$P\left\{\left|X-\frac{1}{2}\right|\geqslant\frac{1}{\sqrt{3}}\right\}\leqslant \underline{\qquad}.$$

【练习 3】^(难)　设随机变量 X 和 Y 的数学期望分别为 -2 和 2,方差分别为 1 和 4,而相关系数为 -0.5,则根据切比雪夫不等式 $P\{|X+Y|\geqslant 6\}\leqslant$ _____.　　　　　　　　(2001 年,数学三)

【练习 4】　设 $X_1,X_2,\cdots,X_n,\cdots$ 是独立同分布的随机变量序列,且

$$\begin{array}{c|cc} X_i & 0 & 1 \\ \hline P & 1-p & p \end{array}\quad i=1,2,\cdots n,\cdots,$$

其中 $0<p<1$,令 $Y_n=\sum_{i=1}^{n}X_i(n=1,2,\cdots)$,$\Phi(x)$ 为标准正态分布函数,

则 $\lim_{n\to\infty}P\left\{\dfrac{Y_n-np}{\sqrt{np(1-p)}}\leqslant 1\right\}=$

　(A)0.　　　(B)$\Phi(1)$.　　　(C)$1-\Phi(1)$.　　　(D)$\Phi(0)$.

【练习 5】 设随机变量 $X_1, X_2, \cdots, X_n, \cdots$ 相互独立,且 $X_i(i = 1, 2, \cdots, n, \cdots)$ 都服从参数为 $\frac{1}{2}$ 的指数分布,则当 n 充分大时,随机变量 $Y_n = \frac{1}{n} \sum_{i=1}^{n} X_i$ 的概率分布近似服从

(A) $N(2, 4)$.

(B) $N\left(2, \dfrac{4}{n}\right)$.

(C) $N\left(\dfrac{1}{2}, \dfrac{1}{4n}\right)$.

(D) $N(2n, 4n)$.

大数定律及中心极限定理

本章作业超链接 《基础过关660题》优选

| 数学一 | 551 | 552 | 634 | 635 | 636 |
| 数学三 | 554 | 555 | 636 | 637 | 638 |

第5章 统计初步

本章知识框图

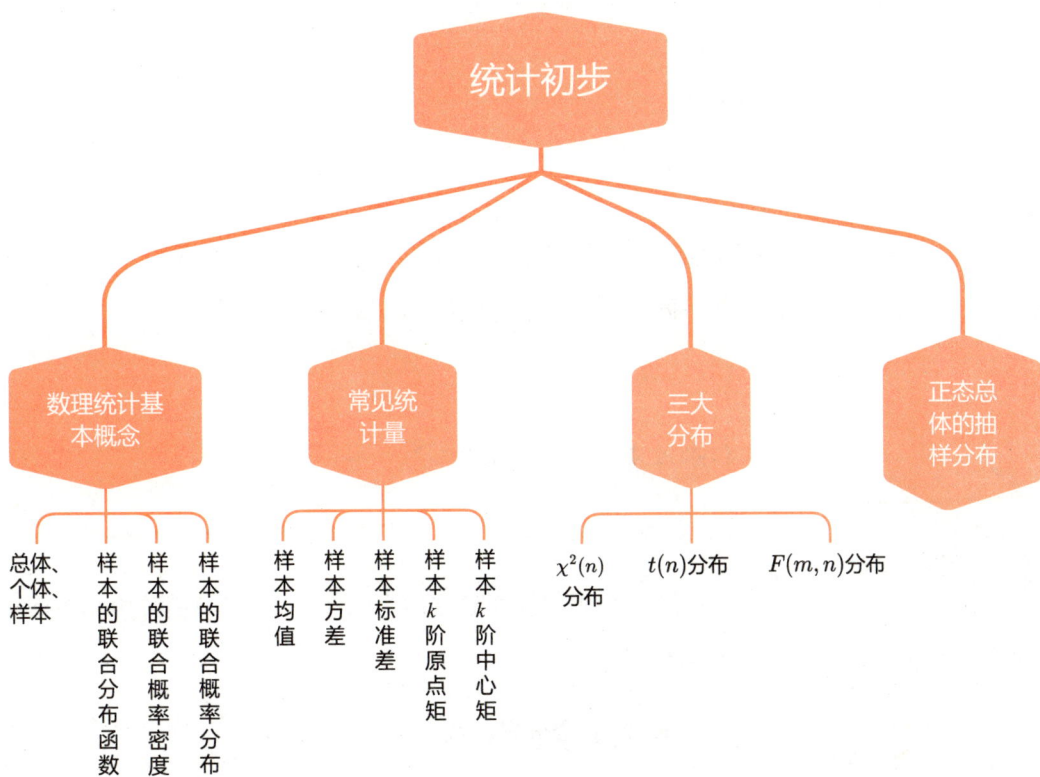

三大分布及正态分布的抽样分布

本节的重点内容

1. 常见统计量(样本均值和样本方差)
2. 三大分布和上分位数
3. 正态总体的抽样分布

1. 数理统计基本概念

1.1 总体

研究对象的某项数量指标 X 的全体称为总体, X 的分布和数字特征分别称为总体的分布和总体的数字特征.

1.2 个体

总体 X 中的每一个元素称为个体.

1.3 样本

从总体 X 中抽取 n 个独立的个体 $X_1, X_2, \cdots, X_n$,称为简单随机样本. n 为样本容量.

1.4 样本的联合分布函数

设总体 X 的分布函数为 $F(x)$,则样本 $X_1, X_2, \cdots, X_n$ 的联合分布为

$$F(x_1, x_2, \cdots, x_n) = P\{X_1 \leqslant x_1, X_2 \leqslant x_2, \cdots, X_n \leqslant x_n\}$$
$$= \prod_{i=1}^{n} P\{X_i \leqslant x_i\} = \prod_{i=1}^{n} F(x_i).$$

1.5 样本的联合概率密度

设总体 X 的概率密度为 $f(x)$,则样本 $X_1, X_2, \cdots, X_n$ 的联合概率

密度为

$$f(x_1, x_2, \cdots, x_n) = \prod_{i=1}^{n} f(x_i).$$

1.6 样本的联合概率分布

设总体 X 的分布律为 $P\{X = x_i\} = p_i, i = 1, 2, \cdots$，则样本 X_1，$X_2, \cdots, X_n$ 的联合概率分布为

$$P\{X_1 = x_1, X_2 = x_2, \cdots, X_n = x_n\} = \prod_{i=1}^{n} P\{X_i = x_i\}.$$

2. 常见统计量（样本均值和样本方差）

2.1 统计量

$g(X_1, X_2, \cdots, X_n)$ 是样本 $X_1, X_2, \cdots, X_n$ 不含任何未知参数的 n 元函数，则称 $T = g(X_1, X_2, \cdots, X_n)$ 是一个统计量.

【注】（1）统计量中除了随机样本之外，不能含有其他未知参数.

（2）统计量也是一个随机变量.

2.2 样本均值

$$\overline{X} = \frac{1}{n} \sum_{i=1}^{n} X_i, \text{样本均值的观测值：} \overline{x} = \frac{1}{n} \sum_{i=1}^{n} x_i.$$

【注】 若总体 X 的期望 EX 和方差 DX 都存在，则

$$E\overline{X} = E\left(\frac{1}{n} \sum_{i=1}^{n} X_i\right) = \frac{1}{n} \sum_{i=1}^{n} EX_i = EX,$$

$$D\overline{X} = D\left(\frac{1}{n} \sum_{i=1}^{n} X_i\right) = \frac{1}{n^2} \sum_{i=1}^{n} DX_i = \frac{DX}{n}.$$

2.3 样本方差

$$S^2 = \frac{1}{n-1} \sum_{i=1}^{n} (X_i - \overline{X})^2,$$

样本方差的观测值：$s^2 = \frac{1}{n-1} \sum_{i=1}^{n} (x_i - \overline{x})^2.$

2.4 样本标准差

$$S = \sqrt{\frac{1}{n-1} \sum_{i=1}^{n} (X_i - \overline{X})^2},$$

统计初步

样本标准差的观测值：$s = \sqrt{\dfrac{1}{n-1} \sum\limits_{i=1}^{n} (x_i - \overline{x})^2}$.

2.5 样本 k 阶原点矩

$$A_k = \frac{1}{n} \sum_{i=1}^{n} X_i^k,$$

样本 k 阶原点矩的观测值 $a_k = \dfrac{1}{n} \sum\limits_{i=1}^{n} x_i^k, k = 1, 2, \cdots$.

2.6 样本 k 阶中心距

$$B_k = \frac{1}{n} \sum_{i=1}^{n} (X_i - \overline{X})^k,$$

样本 k 阶中心矩的观测值 $b_k = \dfrac{1}{n} \sum\limits_{i=1}^{n} (x_i - \overline{x})^k, k = 2, \cdots$.

【注】 特别的 $A_1 = \dfrac{1}{n} \sum\limits_{i=1}^{n} X_i = \overline{X}, B_2 = \dfrac{1}{n} \sum\limits_{i=1}^{n} (X_i - \overline{X})^2 \neq S^2$.

例 1 在一本书中随机地检查了 10 页，发现每页上的错误为

$$4, 5, 6, 0, 3, 1, 4, 2, 1, 4.$$

试计算其样本均值 $\overline{x}$，样本方差 s^2 和样本标准差 s.

练习区域

答案见 131 页

统计初步

例 **2**   设 $X_1, X_2, \cdots, X_n$ 是来自 $U(0,1)$ 的样本,试求 $E(\overline{X})$ 和 $D(\overline{X})$.

练习区域

答案见 132 页

3. 三大分布和上分位数

3.1 $\chi^2(n)$ 的定义和数字特征及上分位数

(1) 设 $X_1, X_2, \cdots, X_n$ 相互独立,且 $X_i \sim N(0,1)$,则

$$\chi^2 = X_1^2 + X_2^2 + \cdots + X_n^2 \sim \chi^2(n),$$

称 χ^2 是自由度为 n 的卡方分布,记为 $\chi^2(n)$.

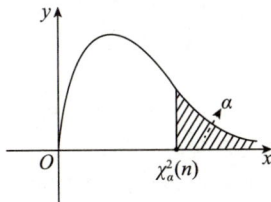

(2) $E(\chi^2(n)) = n, D(\chi^2(n)) = 2n$.

(3) $\chi^2(n_1), \chi^2(n_2)$ 相互独立,则 $\chi^2(n_1) + \chi^2(n_2) = \chi^2(n_1 + n_2)$.

(4) $P\{\chi^2 > \chi_\alpha^2(n)\} = \alpha$,称 $\chi_\alpha^2(n)$ 为 χ^2 分布的上 α 分位数.

例 3 设 X_1, X_2, X_3, X_4 是来自正态总体 $N(0, 2^2)$ 的简单随机样本，

$$X = a(X_1 - 2X_2)^2 + b(3X_3 - 4X_4)^2,$$

则当 $a = $ _____，$b = $ _____时，统计量 X 服从 χ^2 分布，其自由度为_____. （1998年，数学三）

练习区域

答案见 132 页

3.2 $t(n)$ 的定义和数字特征及上分位数

（1）设 $X \sim N(0,1)$，$Y \sim \chi^2(n)$，且 X 与 Y 独立，则

$$T = \frac{X}{\sqrt{\dfrac{\chi^2(n)}{n}}} \sim t(n),$$

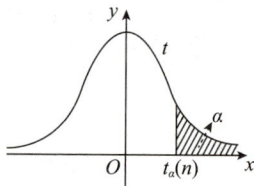

称 T 为自由度为 n 的 t 分布，记 $T \sim t(n)$.

（2）$E(T) = 0$.

（3）$P\{T > t_\alpha(n)\} = \alpha$，称 $t_\alpha(n)$ 为 t 分布的上 α 分位数.

（4）$t_{1-\alpha}(n) = -t_\alpha(n)$.

例 **4** 设随机变量 X 和 Y 相互独立且都服从正态分布 $N(0,$ $3^2)$,而 $X_1, X_2, \cdots, X_9$ 和 $Y_1, Y_2, \cdots, Y_9$ 分别是来自总体 X 和 Y 的简单随机样本,则统计量 $U = \dfrac{X_1 + X_2 + \cdots + X_9}{\sqrt{Y_1^2 + \cdots + Y_9^2}}$ 服从_____分布,自由度为_____.

(1997 年,数学三)

练习区域

答案见 133 页

3.3 $F(m,n)$ 的定义及上分位数

(1) 设 $X \sim \chi^2(m), Y \sim \chi^2(n)$,且 X 与 Y 独立,

$$F = \frac{X/m}{Y/n} \sim F(m,n),$$

称为自由度为 m,n 的 F 分布,记为 $F \sim F(m,n)$.

(2) $P\{F > F_\alpha(m,n)\} = \alpha$,称 $F_\alpha(m,n)$ 为 F 分布的上 α 分位数.

(3) $\dfrac{1}{F} = \dfrac{Y/n}{X/m} \sim F(n,m)$.

(4) $F_{1-\alpha}(n,m) = \dfrac{1}{F_\alpha(m,n)}$.

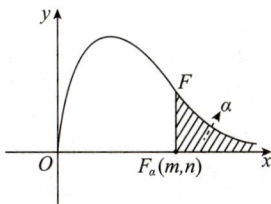

例 **5**　设总体 X 服从正态分布 $N(0, 2^2)$，而 $X_1, X_2, \cdots, X_{15}$ 是来自总体 X 的简单随机样本，则随机变量 $Y = \dfrac{X_1^2 + \cdots + X_{10}^2}{2(X_{11}^2 + \cdots + X_{15}^2)}$ 服从_____分布，自由度为_____.　　　　　　（2001 年，数学三）

练习区域

答案见 133 页

例 **6**　设随机变量 X 和 Y 都服从标准正态分布，则

(A) $X + Y$ 服从正态分布.　　　(B) $X^2 + Y^2$ 服从 χ^2 分布.

(C) X^2 和 Y^2 都服从 χ^2 分布.　　　(D) $\dfrac{X^2}{Y^2}$ 服从 F 分布.

（2002 年，数学三）

练习区域

答案见 133 页

统计初步

例 7 设随机变量 $X \sim N(0,1)$,对给定 $\alpha(0<\alpha<1)$,数 u_α 满足 $P\{X>u_\alpha\}=\alpha$,若 $P\{|X|<x\}=\alpha$,则 $x=$

(A) $u_{\frac{\alpha}{2}}$.   (B) $u_{1-\frac{\alpha}{2}}$.   (C) $u_{\frac{1-\alpha}{2}}$.   (D) $u_{1-\alpha}$.

练习区域

答案见 133 页

4. 正态总体的抽样分布

设总体 $X \sim N(\mu,\sigma^2)$,且 $X_1,X_2,\cdots,X_n$ 为简单随机样本.

(1) $\overline{X}=\dfrac{1}{n}\sum_{i=1}^{n}X_i, S^2=\dfrac{1}{n-1}\sum_{i=1}^{n}(X_i-\overline{X})^2$.

(2) $\overline{X}$ 与 S^2 相互独立.

(3) $E(\overline{X})=E\left(\dfrac{1}{n}(X_1+\cdots+X_n)\right)=\dfrac{1}{n}(EX_1+\cdots+EX_n)$

$$=\dfrac{1}{n}\cdot n\mu=\mu.$$

$$D(\overline{X})=D\left(\dfrac{1}{n}(X_1+\cdots+X_n)\right)=\dfrac{1}{n^2}(DX_1+\cdots+DX_n)$$

$$=\dfrac{1}{n^2}n\sigma^2=\dfrac{\sigma^2}{n}.$$

(4) $\overline{X}=\dfrac{1}{n}(X_1+\cdots+X_n) \sim N\left(\mu,\dfrac{\sigma^2}{n}\right),\dfrac{\overline{X}-\mu}{\frac{\sigma}{\sqrt{n}}} \sim N(0,1)$.

(5) $\dfrac{(n-1)S^2}{\sigma^2}=\sum_{i=1}^{n}\left(\dfrac{X_i-\overline{X}}{\sigma}\right)^2 \sim \chi^2(n-1)$.

统计初步

(6) $\displaystyle\sum_{i=1}^{n}\left(\frac{X_i-\mu}{\sigma}\right)^2 \sim \chi^2(n).$

(7) $\displaystyle\frac{\overline{X}-\mu}{\frac{\sigma}{\sqrt{n}}}\bigg/\sqrt{\frac{(n-1)S^2}{\sigma^2(n-1)}} = \frac{\overline{X}-\mu}{\frac{S}{\sqrt{n}}} \sim t(n-1).$

(8) $E(S^2)=\sigma^2, D(S^2)=\dfrac{2\sigma^4}{n-1}.$

注意到 $\dfrac{(n-1)S^2}{\sigma^2}=\chi^2(n-1)$，则

$$E\left(\frac{(n-1)S^2}{\sigma^2}\right)=\frac{(n-1)}{\sigma^2}ES^2=E(\chi^2(n-1))=n-1,$$

故 $ES^2=\sigma^2.$

$$D\left(\frac{(n-1)S^2}{\sigma^2}\right)=\frac{(n-1)^2 DS^2}{\sigma^4}=D(\chi^2(n-1))=2(n-1),$$

故 $DS^2=\dfrac{2\sigma^4}{n-1}.$

例 8 设 $X \sim N(0,1), \overline{X}=\dfrac{1}{n}\displaystyle\sum_{i=1}^{n}X_i, S^2=\dfrac{1}{n-1}\displaystyle\sum_{i=1}^{n}(X_i-\overline{X})^2$，则服从 $\chi^2(n-1)$ 的是

(A) $\displaystyle\sum_{i=1}^{n}X_i^2.$ (B) $(n-1)\overline{X}^2.$

(C) $(n-1)S^2.$ (D) $S^2.$

练习区域

答案见 134 页

例 **9** (难)　设 $X_1, X_2, \cdots, X_n (n \geq 2)$ 为来自总体 $N(\mu, 1)$ 的简单随机样本,记 $\overline{X} = \dfrac{1}{n} \sum\limits_{i=1}^{n} X_i$,则下列结论中不正确的是

(A) $\sum\limits_{i=1}^{n} (X_i - \mu)^2$ 服从 χ^2 分布.

(B) $2(X_n - X_1)^2$ 服从 χ^2 分布.

(C) $\sum\limits_{i=1}^{n} (X_i - \overline{X})^2$ 服从 χ^2 分布.

(D) $n(\overline{X} - \mu)^2$ 服从 χ^2 分布.　　　(2017 年,数学一、数学三)

练习区域

答案见 134 页

例题解析

例 **1**　【解析】　由题设 $n = 10$,则

$$\overline{x} = \frac{1}{10}(4 + 5 + 6 + 0 + 3 + 1 + 4 + 2 + 1 + 4) = 3,$$

$$s^2 = \frac{1}{10-1}\big[(4-3)^2 + (5-3)^2 + (6-3)^2 + (0-3)^2 + (3-3)^2$$

$$+ (1-3)^2 + (4-3)^2 + (2-3)^2 + (1-3)^2 + (4-3)^2\big]$$

$$= \frac{1}{9}(1 + 4 + 9 + 9 + 0 + 4 + 1 + 1 + 4 + 1) = \frac{34}{9},$$

$$s = \sqrt{s^2} = \frac{\sqrt{34}}{3}.$$

例 **2** 【解析】 由题设 $X \sim U(0,1)$，则 $EX = \frac{1}{2}, DX = \frac{1}{12}$，故

$$EX_i = EX = \frac{1}{2}; DX_i = DX = \frac{1}{12}.$$

$$E(\overline{X}) = E\left(\frac{1}{n}(X_1 + X_2 + \cdots + X_n)\right)$$

$$= \frac{1}{n}(EX_1 + EX_2 + \cdots + EX_n)$$

$$= \frac{1}{n} \cdot \frac{1}{2}n = \frac{1}{2}.$$

$$E(\overline{X}) = D\left(\frac{1}{n}(X_1 + X_2 + \cdots + X_n)\right)$$

$$= \frac{1}{n^2}(DX_1 + DX_2 + \cdots + DX_n)$$

$$= \frac{1}{n^2} \cdot \frac{n}{12} = \frac{1}{12n}.$$

【注】 样本中的个体独立同分布（具有总体的分布），即有相同的分布，期望，方差．

例 **3** 【解析】 独立的正态分布的线性组合服从正态分布，则

$$E(X_1 - 2X_2) = EX_1 - 2EX_2 = 0 - 0 = 0,$$

$$D(X_1 - 2X_2) = DX_1 + 4DX_2 = 4 + 4 \times 4 = 20.$$

$$E(3X_3 - 4X_4) = 3EX_3 - 4EX_4 = 0 - 0 = 0,$$

$$D(3X_3 - 4X_4) = 9DX_3 + 16DX_4 = 100.$$

故 $X_1 - 2X_2 \sim N(0,20), 3X_3 - 4X_4 \sim N(0,100).$

故 $\dfrac{X_1 - 2X_2}{\sqrt{20}} \sim N(0,1), \dfrac{3X_3 - 4X_4}{10} \sim N(0,1),$

则 $\left(\dfrac{X_1 - 2X_2}{\sqrt{20}}\right)^2 + \left(\dfrac{3X_3 - 4X_4}{10}\right)^2 \sim \chi^2(2),$

故 $a = \dfrac{1}{20}, b = \dfrac{1}{100},$ 自由度 $n = 2.$

例 4 　**【解析】**　由题设 $X_1, X_2, \cdots, X_9, Y_1, Y_2, \cdots, Y_9$ 服从 $N(0, 3^2)$,且相互独立,于是

$$E(X_1 + X_2 + \cdots + X_9) = EX_1 + EX_2 + \cdots + EX_9 = 0,$$
$$D(X_1 + X_2 + \cdots + X_9) = DX_1 + DX_2 + \cdots + DX_9 = 81,$$

故　　　　　　　$X_1 + X_2 + \cdots + X_9 \sim N(0, 81),$

则　　　　　　　$\dfrac{1}{9}(X_1 + X_2 + \cdots + X_9) \sim N(0, 1).$

由于 $\dfrac{Y_1 - 0}{3} \sim N(0, 1), \dfrac{Y_2 - 0}{3} \sim N(0, 1), \cdots, \dfrac{Y_9 - 0}{3} \sim N(0, 1),$

则　　　　　　　$\dfrac{Y_1^2}{9} + \dfrac{Y_2^2}{9} + \cdots + \dfrac{Y_9^2}{9} \sim \chi^2(9).$

故 $U = \dfrac{\dfrac{1}{9}(X_1 + X_2 + \cdots + X_9)}{\sqrt{\left(\dfrac{Y_1^2}{9} + \cdots + \dfrac{Y_9^2}{9}\right) \big/ 9}} = \dfrac{X_1 + X_2 + \cdots + X_9}{\sqrt{Y_1^2 + \cdots + Y_9^2}} \sim t(9).$

例 5　**【解析】**　由题设 $X_i \sim N(0, 2^2)$,且相互独立,故

$$\dfrac{X_1 - 0}{2} \sim N(0, 1), \dfrac{X_2 - 0}{2} \sim N(0, 1), \cdots, \dfrac{X_{15} - 0}{2} \sim N(0, 1),$$

则　$\dfrac{X_1^2}{4} + \dfrac{X_2^2}{4} + \cdots + \dfrac{X_{10}^2}{4} \sim \chi^2(10), \dfrac{X_{11}^2}{4} + \cdots + \dfrac{X_{15}^2}{4} \sim \chi^2(5),$

故　$Y = \dfrac{\left(\dfrac{X_1^2}{4} + \cdots + \dfrac{X_{10}^2}{4}\right) \big/ 10}{\left(\dfrac{X_{11}^2}{4} + \cdots + \dfrac{X_{15}^2}{4}\right) \big/ 5} = \dfrac{X_1^2 + \cdots + X_{10}^2}{2(X_{11}^2 + \cdots + X_{15}^2)} \sim F(10, 5).$

例 6　**【解析】**　由题设 $X \sim N(0, 1)$ 和 $Y \sim N(0, 1)$,则

(A) 不成立,只有当 X 与 Y 独立时,$X + Y \sim N(0, 2)$.

(B) 不成立,只有当 X 与 Y 独立时,$X^2 + Y^2 \sim \chi^2(2)$.

(C) $X^2 \sim \chi^2(1), Y^2 \sim \chi^2(1)$,故选(C).

(D) 不成立,只有当 X 与 Y 独立时,$\dfrac{X^2}{Y^2} \sim F(1, 1)$.

例 7　**【解析】**　由题设,

$P\{|X| < x\} = \alpha$,则 $P\{X > x\} = \dfrac{1 - \alpha}{2}$,由

上分位数定义得 $x = u_{\frac{1-\alpha}{2}}$,故选(C).

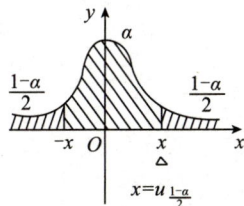

例 **8** 【解析】 由题设 $X \sim N(0,1)$，则

$$\frac{(n-1)S^2}{\sigma^2} = \sum_{i=1}^{n} \left(\frac{X_i - \overline{X}}{\sigma}\right)^2 = \sum_{i=1}^{n} (X_i - \overline{X})^2 \sim \chi^2(n-1),$$

故选(C).

例 **9** 【解析】 由题设 $X_i \sim N(\mu,1)$，且相互独立，则

(A) $\sum_{i=1}^{n} \left(\frac{X_i - \mu}{\sigma}\right)^2 = \sum_{i=1}^{n} (X_i - \mu)^2 \sim \chi^2(n)$，排除(A).

(B) 由于 $E(X_n - X_1) = EX_n - EX_1 = \mu - \mu = 0$，

$$D(X_n - X_1) = DX_n + DX_1 = 1 + 1 = 2.$$

则 $X_n - X_1 \sim N(0,2)$，故 $\dfrac{X_n - X_1}{\sqrt{2}} \sim N(0,1)$，$\dfrac{(X_n - X_1)^2}{2} \sim \chi^2(1)$，

故选(B).

(C) $\sum_{i=1}^{n} \left(\frac{X_i - \overline{X}}{\sigma}\right)^2 = \sum_{i=1}^{n} (X_i - \overline{X})^2 \sim \chi^2(n-1)$，排除(C).

(D) 由于 $\overline{X} \sim N\left(\mu, \dfrac{1}{n}\right)$，故 $\dfrac{\overline{X} - \mu}{\dfrac{1}{\sqrt{n}}} \sim N(0,1)$，则 $\dfrac{(\overline{X} - \mu)^2}{\dfrac{1}{n}} \sim$

$\chi^2(1)$，排除(D).

📜 自我总结

自测练习题 ✏️

【练习1】　设 X_1, X_2, X_3 为来自正态总体 $N(0, \sigma^2)$ 的简单随机样本,则统计量 $S = \dfrac{X_1 - X_2}{\sqrt{2}\,|X_3|}$ 服从的分布为

　(A)$F(1,1)$.　　(B)$F(2,1)$.　　(C)$t(1)$.　　(D)$t(2)$.

$\qquad\qquad\qquad\qquad\qquad\qquad\qquad$ (2014 年,数学三)

【练习2】　设 X_1, X_2, X_3, X_4 来自总体 $N(1, \sigma^2)(\sigma > 0)$ 的简单随机样本,则统计量 $\dfrac{X_1 - X_2}{|X_3 + X_4 - 2|}$ 服从的分布为

　(A)$N(0,1)$.　　(B)$t(1)$.　　(C)$\chi^2(1)$.　　(D)$F(1,1)$.

$\qquad\qquad\qquad\qquad\qquad\qquad\qquad$ (2012 年,数学三)

【练习 3】[难]　　设随机变量 $X \sim t(n)$，$Y \sim F(1,n)$，给定 $\alpha(0 < \alpha < 0.5)$，常数 c 满足 $P\{X > c\} = \alpha$，则 $P\{Y > c^2\} =$

(A)α.　　　　(B)$1-\alpha$.　　　　(C)2α.　　　　(D)$1-2\alpha$.

（2013 年，数学一）

【练习 4】[难]　　设 $X_1, X_2, \cdots, X_n (n \geqslant 2)$ 为来自总体 $N(0,1)$ 的简单随机样本，$\overline{X}$ 为样本均值，S^2 为样本方差，则

(A)$n\overline{X} \sim N(0,1)$.　　　　　　(B)$nS^2 \sim \chi^2(n)$.

(C)$\dfrac{(n-1)\overline{X}}{S} \sim t(n-1)$.　　(D)$\dfrac{(n-1)X_1^2}{\displaystyle\sum_{i=2}^{n} X_i^2} \sim F(1, n-1)$.

（2005 年，数学一）

本章作业超链接🔗 **《基础过关660题》优选** -----

数学一	556	558	560	562	638	639
	641	645	647	651	652	
数学三	559	561	563	565	640	641
	643	647	649	653	654	

第 6 章　　点估计

本章知识框图

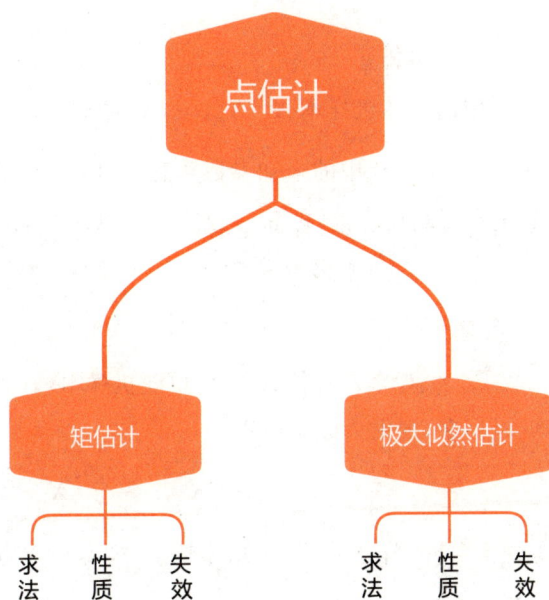

知识梳理与例题 ✏️

第1节 矩估计和似然估计(一)

本节的重点内容

1. 矩估计
2. 最大似然估计

学习笔记

1. 参数点估计

用简单随机样本 $X_1, X_2, \cdots, X_n$ 的观测值 $x_1, x_2, \cdots, x_n$ 去估计分布函数 $F(x, \theta)$ 中的未知参数 θ, 称统计量 $\theta = \hat{\theta}(X_1, X_2, \cdots, X_n)$ 为未知参数 θ 的估计量, 称 $\hat{\theta}(x_1, x_2, \cdots, x_n)$ 为未知参数 θ 的估计值.

2. 矩估计

设 X_i 为来自总体 X 的简单随机样本, 若总体 X 的一阶、二阶原点矩存在, 则由大数定律得

$$\frac{1}{n}\sum_{i=1}^{n} X_i \xrightarrow{P} EX, \qquad \frac{1}{n}\sum_{i=1}^{n} X_i^2 \xrightarrow{P} EX^2.$$

【注】 样本均值 → 总体期望, 样本平方均值 → 总体平方期望.

例 1 设总体 X 的概率密度为

$$f(x; \theta) = \begin{cases} e^{-(x-\theta)}, & x \geqslant \theta, \\ 0, & x < \theta, \end{cases}$$

而 $X_1, X_2, \cdots, X_n$ 是来自总体 X 的简单随机样本, 则未知参数 θ 的矩估计量为_____.

(2002 年, 数学三)

练习区域

答案见 141 页

点估计 🔖

3. 最大似然估计

样本观察值 $x_1, x_2, \cdots, x_n$，在 θ 的取值范围 Θ 内选取使概率 $L(\theta)$ 达到最大的参数值 $\hat{\theta}$，作为参数 θ 的估计值，即取 $\hat{\theta}$ 使

$$L(\hat{\theta}) = L(x_1, x_2, \cdots, x_n; \hat{\theta}) = \max_{\theta \in \Theta} L(x_1, x_2, \cdots, x_n; \theta),$$

则 $\hat{\theta}$ 与样本值 $x_1, x_2, \cdots, x_n$ 有关，相应的 $\hat{\theta}(x_1, x_2, \cdots, x_n)$ 称为参数 θ 的最大似然估计值. $\hat{\theta}(X_1, X_2, \cdots, X_n)$ 称为参数 θ 的最大似然估计量.

【注】 样本的联合概率密度和联合概率

$$L(\theta) = L(x_1, x_2, \cdots, x_n; \theta) = \prod_{i=1}^{n} f(x_i; \theta)（连续）.$$

$$L(\theta) = L(x_1, x_2, \cdots, x_n; \theta) = \prod_{i=1}^{n} p(x_i; \theta)（离散）.$$

例 2 设总体 X 的概率密度为

$$f(x; \theta) = \begin{cases} \theta, & 0 < x < 1, \\ 1-\theta, & 1 \leqslant x < 2, \\ 0, & 其他, \end{cases}$$

其中 θ 是未知参数 $(0 < \theta < 1)$. $X_1, X_2, \cdots, X_n$ 为来自总体 X 的简单随机样本，记 N 为样本值 $x_1, x_2, \cdots, x_n$ 中小于 1 的个数. 求 θ 的矩估计和最大似然估计.

(2006，数学一、数学三)

练习区域

答案见 141 页

例 3 设总体 X 的概率密度为

$$f(x) = \begin{cases} \lambda^2 x e^{-\lambda x}, & x > 0, \\ 0, & \text{其他.} \end{cases}$$

其中参数 $\lambda(\lambda > 0)$ 未知, $X_1, X_2, \cdots, X_n$ 是来自总体 X 的简单随机样本.

(1) 求参数 λ 的矩估计量.

(2) 求参数 λ 的最大似然估计量.　　　　　（2009 年,数学一）

练习区域

答案见 141 页

例 4 设总体 X 的概率分布为

X	0	1	2	3
P	θ^2	$2\theta(1-\theta)$	θ^2	$1-2\theta$

其中 $\theta\left(0 < \theta < \dfrac{1}{2}\right)$ 是未知参数,利用总体 X 的如下样本值 3,1,3, 0,3,1,2,3,求 θ 的矩估计值和最大似然估计值.　　　　（2002,数学一）

练习区域

答案见 142 页

例题解析

例 **1** 【解析】 由题设可知，

$$EX = \int_{-\infty}^{+\infty} xf(x;\theta)\,\mathrm{d}x = \int_{\theta}^{+\infty} x\,\mathrm{e}^{-(x-\theta)}\,\mathrm{d}x = \mathrm{e}^{\theta}\int_{\theta}^{+\infty} x\,\mathrm{e}^{-x}\,\mathrm{d}x$$

$$= -\mathrm{e}^{\theta}\int_{\theta}^{+\infty} x\,\mathrm{d}\mathrm{e}^{-x} = -\mathrm{e}^{\theta}\cdot\left[x\mathrm{e}^{-x}\Big|_{\theta}^{+\infty} - \int_{\theta}^{+\infty}\mathrm{e}^{-x}\,\mathrm{d}x\right]$$

$$= -\mathrm{e}^{\theta}\left[-\theta\mathrm{e}^{-\theta} + \mathrm{e}^{-x}\Big|_{\theta}^{+\infty}\right] = -\mathrm{e}^{\theta}\left[-\theta\mathrm{e}^{-\theta} - \mathrm{e}^{-\theta}\right] = \theta + 1.$$

由矩估计原理 $\overline{X} = \dfrac{1}{n}\sum\limits_{i=1}^{n} X_i = \theta + 1$，则 θ 的矩估计量为

$$\hat{\theta} = \overline{X} - 1 = \frac{1}{n}\sum_{i=1}^{n} X_i - 1.$$

例 **2** 【解析】 （1）由题设可知，

$$EX = \int_{-\infty}^{+\infty} xf(x;\theta)\,\mathrm{d}x = \int_{0}^{1} x\cdot\theta\,\mathrm{d}x + \int_{1}^{2} x(1-\theta)\,\mathrm{d}x$$

$$= \theta\cdot\frac{1}{2} + (1-\theta)\cdot\frac{3}{2} = \frac{3}{2} - \theta,$$

由矩估计原理 $EX = \dfrac{3}{2} - \theta = \overline{X}$，解得 $\theta = \dfrac{3}{2} - \overline{X}$，故 θ 的矩估计量

为 $\hat{\theta} = \dfrac{3}{2} - \overline{X}$.

（2）$X_1, X_2, \cdots, X_n$ 联合概率密度为

$$L(\theta) = \theta^N\cdot(1-\theta)^{n-N},$$

取对数得 $\quad \ln L(\theta) = N\ln\theta + (n-N)\ln(1-\theta)$，

求导得 $\quad \dfrac{\mathrm{d}\ln L(\theta)}{\mathrm{d}\theta} = \dfrac{N}{\theta} - \dfrac{n-N}{1-\theta} = 0$，

解得 $\theta = \dfrac{N}{n}$，故 θ 的最大似然估计为 $\hat{\theta} = \dfrac{N}{n}$.

例 **3** 【解析】 （1）由题设可知，

$$EX = \int_{-\infty}^{+\infty} xf(x)\,\mathrm{d}x = \int_{0}^{+\infty} x\cdot\lambda^2 x\mathrm{e}^{-\lambda x}\,\mathrm{d}x = -\lambda\int_{0}^{+\infty} x^2\,\mathrm{d}\mathrm{e}^{-\lambda x}$$

$$= -\lambda x^2\mathrm{e}^{-\lambda x}\Big|_{0}^{+\infty} + \lambda\int_{0}^{+\infty}\mathrm{e}^{-\lambda x}\cdot 2x\,\mathrm{d}x = -\int_{0}^{+\infty} 2x\,\mathrm{d}\mathrm{e}^{-\lambda x}$$

点估计

$$= -2x\mathrm{e}^{-\lambda x}\Big|_0^{+\infty} + \int_0^{+\infty}\mathrm{e}^{-\lambda x}\cdot 2\mathrm{d}x$$

$$= -\frac{2}{\lambda}\mathrm{e}^{-\lambda x}\Big|_0^{+\infty} = \frac{2}{\lambda}.$$

由矩估计原理 $EX = \dfrac{2}{\lambda} = \overline{X} = \dfrac{1}{n}\sum\limits_{i=1}^{n}X_i$，故 λ 的矩估计量为

$$\hat{\lambda} = \frac{2n}{\sum\limits_{i=1}^{n}X_i} = \frac{2}{\overline{X}}.$$

（2）设 $x_1, x_2, \cdots, x_n$ 为样本观测值，联合概率密度为

$$L(\lambda) = \prod_{i=1}^{n}f(x_i) = \begin{cases} \lambda^{2n}x_1\cdots x_n\mathrm{e}^{-\lambda\sum\limits_{i=1}^{n}x_i}, & x_i > 0, \\ 0, & \text{其他}. \end{cases}$$

取对数得 $\qquad \ln L(\lambda) = 2n\ln\lambda + \sum\limits_{i=1}^{n}\ln x_i - \lambda\sum\limits_{i=1}^{n}x_i,$

求导得 $\qquad \dfrac{\mathrm{d}\ln L(\lambda)}{\mathrm{d}\lambda} = \dfrac{2n}{\lambda} - \sum\limits_{i=1}^{n}x_i = 0,$

解得 $\lambda = \dfrac{2n}{\sum\limits_{i=1}^{n}x_i}$，故 λ 的最大似然估计量为 $\hat{\lambda} = \dfrac{2n}{\sum\limits_{i=1}^{n}X_i} = \dfrac{2}{\overline{X}}.$

例 4 【解析】（1）由题设

$$EX = 0\cdot\theta^2 + 1\cdot 2\theta(1-\theta) + 2\theta^2 + 3(1-2\theta) = 3 - 4\theta,$$

$$\overline{x} = \frac{1}{8}(3+1+3+0+3+1+2+3) = 2.$$

由矩估计原理 $EX = \overline{x}$，得 $3 - 4\theta = 2$，解得 $\theta = \dfrac{1}{4}$，故 θ 的矩估计值为 $\hat{\theta} = \dfrac{1}{4}.$

（2）$X_1, X_2, \cdots, X_8$ 联合分布律为

$$L(\theta) = P\{X_1 = 3\}P\{X_2 = 1\}P\{X_3 = 3\}P\{X_4 = 0\}$$
$$P\{X_5 = 3\}P\{X_6 = 1\}P\{X_7 = 2\}P\{X_8 = 3\}$$
$$= (1-2\theta)^4 \cdot (2\theta(1-\theta))^2 \cdot \theta^2 \cdot \theta^2$$
$$= 4(1-2\theta)^4 \cdot (1-\theta)^2 \cdot \theta^6.$$

取对数得

$$\ln L(\theta) = \ln 4 + 4\ln(1-2\theta) + 2\ln(1-\theta) + 6\ln\theta,$$

求导得

$$\frac{\mathrm{d}\ln L(\theta)}{\mathrm{d}\theta} = \frac{-8}{1-2\theta} + \frac{-2}{1-\theta} + \frac{6}{\theta} = \frac{24\theta^2 - 28\theta + 6}{(1-2\theta)(1-\theta)\theta} = 0,$$

解得 $\theta = \dfrac{7-\sqrt{3}}{12}$，$\theta = \dfrac{7+\sqrt{13}}{12}$（舍），故 θ 的最大似然估计值为

$$\hat{\theta} = \frac{7-\sqrt{13}}{12}.$$

📜 自我总结

点估计

自测练习题 ✍

【练习1】 设总体 X 的概率密度为

$$f(x) = \begin{cases} (\theta+1)x^\theta, & 0 < x < 1, \\ 0, & \text{其他}, \end{cases}$$

其中 $\theta > -1$ 是未知参数. $X_1, X_2, \cdots, X_n$ 是来自总体 X 的一个容量为 n 的简单随机样本,分别用矩估计法和最大似然估计法求 θ 的估计量.

(1997,数学一)

【练习2】 设总体 X 的概率密度为

$$f(x, \lambda) = \begin{cases} \lambda a x^{a-1} \mathrm{e}^{-\lambda x^a}, & x > 0, \\ 0, & x \leqslant 0, \end{cases}$$

其中 $\lambda > 0$ 为未知参数,$a > 0$ 是已知常数. 试根据来自总体 X 的简单随机样本 $X_1, X_2, \cdots, X_n$,求 λ 的最大似然估计量 $\hat{\lambda}$.

【练习3】　设总体 X 的概率密度为

$$f(x;\theta)=\begin{cases}\sqrt{\theta}x^{\sqrt{\theta}-1}, & 0<x<1, \\ 0, & \text{其他}.\end{cases}$$

其中 $\theta(\theta>0)$ 为未知参数，$X_1,X_2,\cdots,X_n$ 为总体 X 的简单随机样本.

(1) 求参数 θ 的矩估计量.

(2) 求参数 θ 的最大似然估计量.

第 2 节　矩估计和似然估计(二)

1. 矩估计失效
2. 似然估计失效

1. 一阶矩估计失效

矩估计原理:

$$\frac{1}{n}\sum_{i=1}^{n}X_i \xrightarrow{P} EX, \quad \frac{1}{n}\sum_{i=1}^{n}X_i^2 \xrightarrow{P} EX^2.$$

当 $EX = 0$ 时,一阶矩估计失效,利用二阶矩代替一阶矩

$$\frac{1}{n}\sum_{i=1}^{n}X_i^2 \xrightarrow{P} EX^2.$$

2. 最大似然估计失效

最大似然估计原理:求联合概率密度(分布律)最大值.

当 $\dfrac{\mathrm{d}\ln L(\theta)}{\mathrm{d}\theta} \neq 0$ 时,利用导数为零,求最大似然估计失效,用定义法求联合概率密度(分布律)最大值.

例 1　设连续型总体 X 的概率密度为

$$f(x) = \begin{cases} \dfrac{1}{2\theta}, & |x| < \theta, \\ 0, & \text{其他}. \end{cases}$$

其中 $\theta > 0$ 是未知参数,$X_1, X_2, \cdots, X_n$ 是来自总体 X 的一个容量为 n 的简单随机样本,分别用矩估计法和最大似然估计法求 θ 的估计量.

答案见 148 页

例 2 设总体 X 的概率分布为

X	-1	0	1
P	θ	$1-2\theta$	θ

,

其中 $\theta\left(0<\theta<\dfrac{1}{2}\right)$ 是未知参数,利用总体 X 的如下样本值 $-1,0,0,$ $1,1$,求 θ 的矩估计值和最大似然估计值.

答案见 149 页

例 **3** 设某种元件的使用寿命 X 的概率密度为

$$f(x;\theta) = \begin{cases} 2e^{-2(x-\theta)}, & x \geqslant \theta, \\ 0, & x < \theta. \end{cases}$$

$\theta > 0$ 为未知参数,设 $x_1, x_2, \cdots, x_n$ 是 X 的一组样本观测值,求参数 θ 的最大似然估计值.   (2000,数学一)

练习区域

答案见 149 页

例题解析

例 **1** 【解析】(1) 由题设可知,

$$EX = \int_{-\infty}^{+\infty} xf(x)\mathrm{d}x = \int_{-\theta}^{\theta} x \cdot \frac{1}{2\theta}\mathrm{d}x = 0(\text{矩估计失效}).$$

$$EX^2 = \int_{-\infty}^{+\infty} x^2 f(x)\mathrm{dd}x = \int_{-\theta}^{\theta} x^2 \cdot \frac{1}{2\theta}\mathrm{d}x = 2\int_{0}^{\theta} x^2 \cdot \frac{1}{2\theta}\mathrm{d}x = \frac{\theta^2}{3}.$$

由矩估计原理,令 $EX^2 = \dfrac{\theta^2}{3} = \dfrac{1}{n}\sum\limits_{i=1}^{n} X_i^2$,则 θ 的矩估计量为

$$\hat{\theta} = \sqrt{\frac{3}{n}\sum_{i=1}^{n} X_i^2}.$$

(2) $x_1, x_2, \cdots, x_n$ 是样本观测值,则联合概率密度

$$L(\theta) = \prod_{i=1}^{n} f(x_i) = \begin{cases} \dfrac{1}{2^n \cdot \theta^n}, & |x_i| < \theta, \\ 0, & \text{其他}. \end{cases}$$

点估计

取对数得
$$\ln L(\theta) = -n\ln 2 - n\ln \theta,$$

对 θ 求导得
$$\frac{\mathrm{d}\ln L(\theta)}{\mathrm{d}\theta} = -\frac{n}{\theta} \neq 0 \text{(似然估计失效)}.$$

由于 $|x_1| < \theta, |x_2| < \theta, \cdots, |x_n| < \theta$，则故 $\theta > \max\limits_{1 \leqslant i \leqslant n}\{|x_i|\}$，根据最大似然估计原理，$\theta$ 的最大似然估计量 $\hat{\theta} = \max\limits_{1 \leqslant i \leqslant n}\{|X_i|\}$.

例 2 【解析】 （1）由题设可知，

$EX = -1 \times \theta + 0 \times (1-2\theta) + 1 \times \theta = 0 \text{(矩估计失效)}.$

$EX^2 = (-1)^2 \times \theta + 0^2 \times (1-2\theta) + 1^2 \times \theta = 2\theta.$

$\frac{1}{n}\sum\limits_{i=1}^{n} x_i^2 = \frac{1}{5}((-1)^2 + 0^2 + 0^2 + 1^2 + 1^2) = \frac{3}{5},$

根据矩估计原理，令 $EX^2 = \frac{1}{n}\sum\limits_{i=1}^{n} x_i^2$，得 $2\theta = \frac{3}{5}$，故 θ 的矩估计值

$$\hat{\theta} = \frac{3}{10}.$$

（2）X_1, X_2, X_3, X_4, X_5 的联合概率密度为

$L(\theta) = P\{X_1 = -1\}P\{X_2 = 0\}P\{X_3 = 0\}P\{X_4 = 1\}$
$\qquad P\{X_5 = 1\}$
$\quad = \theta(1-2\theta)^2\theta^2 = \theta^3(1-2\theta)^2,$

取对数得
$$\ln L(\theta) = 3\ln \theta + 2\ln(1-2\theta),$$

求导得
$$\frac{\mathrm{d}\ln L(\theta)}{\mathrm{d}\theta} = \frac{3}{\theta} - \frac{4}{1-2\theta} = 0,$$

解得 $\theta = \frac{3}{10}$，故 θ 的最大似然估计值 $\hat{\theta} = \frac{3}{10}$.

例 3 【解析】 由题设可知，联合概率密度为

$$L(\theta) = f(x_1;\theta)f(x_2;\theta)\cdots f(x_n;\theta) = \prod_{i=1}^{n} f(x_i;\theta)$$

$$= \begin{cases} 2^n \mathrm{e}^{-2\sum\limits_{i=1}^{n}(x_i-\theta)}, & x_i \geqslant \theta, \\ 0, & \text{其他}. \end{cases}$$

取对数得

$$\ln L(\theta) = n\ln 2 - 2\sum_{i=1}^{n}(x_i - \theta),$$

对 θ 求导得

$$\frac{\mathrm{d}\ln L(\theta)}{\mathrm{d}\theta} = 0 - 2\sum_{i=1}^{n}(0-1) = 2n \neq 0(似然估计失效).$$

由于 $x_1 \geqslant \theta, x_2 \geqslant \theta, \cdots, x_n \geqslant \theta$,故 $\theta \leqslant \min\limits_{1\leqslant i\leqslant n}\{x_i\}$,由最大似然估计原理得 $\hat{\theta} = \min\limits_{1\leqslant i\leqslant n}\{x_i\}$.

自我总结

点估计

【练习 1】　设连续型随机变量 X 的概率密度为

$$f(x) = \frac{1}{2\theta} \mathrm{e}^{-\frac{|x|}{\theta}}, -\infty < x < +\infty,$$

其中 $\theta(\theta > 0)$ 是未知参数，$X_1, X_2, \cdots, X_n$ 是来自总体 X 的简单随机样本，求 θ 的矩估计量 $\hat{\theta}$.

点
估
计 🔗

【练习2】 设总体 X 的概率密度为

$$f(x;\theta) = \begin{cases} \dfrac{1}{1-\theta}, & \theta \leqslant x \leqslant 1, \\ 0, & \text{其他.} \end{cases}$$

其中 θ 为未知参数 $X_1, X_2, \cdots, X_n$ 为来自该总体的简单随机样本. 求 θ 的最大似然估计量. （2015 年，数学一、数学三改）

本章作业超链接 《基础过关660题》优选

数学一	563	564	565	566	655	656	658	
数学三	566	567	568	569	656	657	658	660

点估计

自测练习题参考答案

第 1 章　随机事件和概率

第 1 节　事件及概率的性质

【练习 1】【解】根据乘法原理,有放回取出两个不同编号概率为

$$P = \frac{9 \times 8}{9 \times 9} = \frac{8}{9}.$$

【练习 2】【解】由题设可知,

$(1) P = \dfrac{C_3^3}{C_{10}^3} = \dfrac{1}{\dfrac{10 \times 9 \times 8}{3 \times 2 \times 1}} = \dfrac{1}{120}.$

$(2) P = \dfrac{3^3}{10^3} = \dfrac{27}{1000}.$

【练习 3】【解】设在 $(0,1)$ 随机取两个数为 (x, y),则

$$P\left\{ |x - y| < \frac{1}{2} \right\} = \frac{1 - \left(\frac{1}{2}\right)^2}{1} = \frac{3}{4}.$$

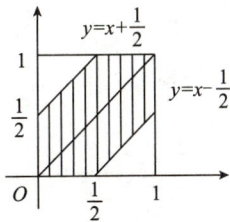

【练习 4】【解】由题设 $A \subset B$,则 $P(AB) = P(A) = 0.2.$

$(1)\ P(\overline{A}) = 1 - P(A) = 1 - 0.2 = 0.8,$

　　$P(\overline{B}) = 1 - P(B) = 1 - 0.3 = 0.7.$

$(2) P(A \bigcup B) = P(A) + P(B) - P(AB)$

　　　　　　　　$= 0.2 + 0.3 - 0.2 = 0.3.$

$(3) P(AB) = P(A) = 0.2.$

$(4) P(B\overline{A}) = P(B) - P(AB) = 0.3 - 0.2 = 0.1.$

$(5) P(A - B) = P(A) - P(AB) = 0.2 - 0.2 = 0.$

【练习5】【解】 由题设，

$$P(A-B) = P(A) - P(AB) = 0.3 \Rightarrow P(AB) = 0.4.$$

$$P(\overline{AB}) = 1 - P(AB) = 1 - 0.4 = 0.6.$$

$$P(A \bigcup B) = P(A) + P(B) - P(AB)$$
$$= 0.7 + 0.6 - 0.4 = 0.9.$$

$$P(\overline{A}\,\overline{B}) = 1 - P(A \bigcup B) = 1 - 0.9 = 0.1.$$

第 2 节　　条件概率、乘法公式和独立性

【练习1】【解】 设 $A_i(i=1,2)$ 表示第 i 次取到黑球，则

$$P(A_2 \mid \overline{A}_1) = \frac{P(\overline{A}_1 A_2)}{P(\overline{A}_1)} = \frac{\dfrac{3}{8} \cdot \dfrac{5}{7}}{\dfrac{3}{8}} = \frac{5}{7}.$$

【练习2】【证明】 由题设，

(1) $P(A\Omega) = P(A) = P(A) \cdot P(\Omega) \Rightarrow A$ 与 Ω 独立.

(2) $P(A\varnothing) = P(\varnothing) = P(A) \cdot P(\varnothing) \Rightarrow A$ 与 $\varnothing$ 独立.

【练习3】[难] **【解】** 由题设 $0 < P(A) < 1, 0 < P(B) < 1$，则

$$P(A \mid B) = 1 - P(\overline{A} \mid \overline{B}) = P(A \mid \overline{B}),$$

故 $\quad \dfrac{P(AB)}{P(B)} = \dfrac{P(A\overline{B})}{P(\overline{B})} = \dfrac{P(A) - P(AB)}{1 - P(B)},$

则 $P(AB) = P(A)P(B)$，即 A 与 B 独立，选(D).

【练习4】【解】 由题设，

(1) A 与 B 互不相容，则 $AB = \varnothing$，故

$$P(A \bigcup B) = P(A) + P(B) - P(AB) = 0.7 \Rightarrow P(B) = 0.3.$$

(2) A 与 B 独立，则 $P(AB) = P(A)P(B)$，则

$$P(A \bigcup B) = P(A) + P(B) - P(AB)$$
$$= P(A) + P(B) - P(A)P(B) = 0.7$$
$$\Rightarrow P(B) = 0.5.$$

【练习5】【解】 由题设 A 与 B 独立，则 $P(AB) = P(A)P(B)$，

$$P(A-B) = P(A) - P(AB) = P(A) - P(A)P(B) = 0.3$$

$$\Rightarrow P(A) = 0.6.$$

$$P(B-A) = P(B) - P(AB) = P(B) - P(A)P(B) = 0.2.$$

故选(B).

【练习 6】 【解】 由题设 $P(\overline{A}) = 0.3$，则

$$P(A) = 1 - P(\overline{A}) = 0.7,$$

$$P(A\overline{B}) = P(A) - P(AB) = 0.5 \Rightarrow P(AB) = 0.2.$$

$$P(B) = 0.4 \Rightarrow P(\overline{B}) = 1 - P(B) = 0.6.$$

$$P(B \mid A + \overline{B}) = \frac{P(B(A+\overline{B}))}{P(A+\overline{B})} = \frac{P(AB + B\overline{B})}{P(A) + P(\overline{B}) - P(A\overline{B})}$$

$$= \frac{P(AB)}{P(A) + P(\overline{B}) - P(A\overline{B})}$$

$$= \frac{0.2}{0.7 + 0.6 - 0.5} = 0.25.$$

【练习 7】 【解】 设 $P(A) = P(B) = P(C) = p$，则

$$P(A \bigcup B \bigcup C) = P(A) + P(B) + P(C) - P(AB) - P(BC) -$$
$$P(CA) + P(ABC)$$
$$= P(A) + P(B) + P(C) - P(A)P(B) -$$
$$P(B)P(C) - P(C)P(A)$$
$$= 3p - 3p^2 = \frac{9}{16},$$

解得 $p = \frac{1}{4}, p = \frac{3}{4}$ (舍).

【练习 8】 【解】 由题设，

$\Rightarrow$ 当 A, B, C 相互独立时，则

$$P(ABC) = P(A)P(B)P(C) \xrightarrow{\text{两两独立}} P(A)P(BC),$$

故 A 与 BC 独立.

$\Leftarrow$ 当 A 与 BC 独立时，则

$$P(ABC) = P(A)P(BC) \xrightarrow{\text{两两独立}} P(A)P(B)P(C),$$

故 A, B, C 相互独立，选(A).

第 3 节　　全概率公式和贝叶斯公式

【练习 1】 **【解】**　由抽签原理可知抽签中奖与先后次序无关，故第三个人摸到奖券的概率 $P = \dfrac{1}{n}$.

【练习 2】 **【解】**　设 A_1, A_2, A_3 分别表示选中甲，乙，丙袋，B 表示取出的球是白球，则

$$P(A_1) = P(A_2) = P(A_3) = \frac{1}{3},$$

$$P(B \mid A_1) = \frac{2}{3}, P(B \mid A_2) = \frac{1}{3}, P(B \mid A_3) = \frac{2}{4},$$

$$P(B) = P(A_1 B) + P(A_2 B) + P(A_3 B)$$
$$= P(A_1)P(B \mid A_1) + P(A_2)P(B \mid A_2) + P(A_3)P(B \mid A_3)$$
$$= \frac{1}{3} \times \frac{2}{3} + \frac{1}{3} \times \frac{1}{3} + \frac{1}{3} \times \frac{2}{4} = \frac{1}{2}.$$

【练习 3】 **【解】**　设 $A_i (i = 1, 2)$ 表示第 i 台车床，B 表示零件是合格品，

$$P(A_1) = \frac{2}{3}, P(A_2) = \frac{1}{3},$$

$$P(\overline{B} \mid A_1) = 0.03, P(\overline{B} \mid A_2) = 0.02.$$

$$P(B) = P(A_1 B) + P(A_2 B) = P(A_1)P(B \mid A_1) + P(A_2)P(B \mid A_2)$$
$$= \frac{2}{3} \times (1 - 0.03) + \frac{1}{3}(1 - 0.02) = \frac{73}{75}.$$

【练习 4】 **【解】**　由题设可知，
$$P\{Y = 2\} = P\{X = 1, Y = 2\} + P\{X = 2, Y = 2\} +$$
$$P\{X = 3, Y = 2\} + P\{X = 4, Y = 2\}$$
$$= 0 + P\{X = 2\}P\{Y = 2 \mid X = 2\} +$$
$$P\{X = 3\}P\{Y = 2 \mid X = 3\} +$$
$$P\{X = 4\}P\{Y = 2 \mid X = 4\}$$
$$= \frac{1}{4} \times \frac{1}{2} + \frac{1}{4} \times \frac{1}{3} + \frac{1}{4} \times \frac{1}{4} = \frac{13}{48}.$$

【练习 5】 **【解】**　设 A_1, A_2, A_3 表示甲，乙，丙车间生产，B 表示产品为次品，

$$P(A_1) = 0.6, P(A_2) = 0.3, P(A_3) = 0.1.$$
$$P(B \mid A_1) = 0.02, P(B \mid A_2) = 0.05, P(B \mid A_3) = 0.06.$$

$(1) P(B) = P(A_1 B) + P(A_2 B) + P(A_3 B)$

$\qquad = P(A_1)P(B \mid A_1) + P(A_2)P(B \mid A_2) + P(A_3)P(B \mid A_3)$

$\qquad = 0.6 \times 0.02 + 0.3 \times 0.05 + 0.1 \times 0.06$

$\qquad = 0.033.$

$(2) P(A_1 \mid B) = \dfrac{P(A_1 B)}{P(B)} = \dfrac{P(A_1)P(B \mid A_1)}{P(B)}$

$\qquad\qquad = \dfrac{0.6 \times 0.02}{0.033} = \dfrac{4}{11}.$

第 2 章　一维随机变量及其数字特征

第 1 节　一维离散型随机变量及其分布律

【练习 1】【解】　(1) 由分布律性质，

$$0.25 + 0.5 + c = 1 \Rightarrow c = 0.25.$$
$$EX = -1 \times 0.25 + 2 \times 0.5 + 3 \times 0.25 = 1.5.$$
$$EX^2 = (-1)^2 \times 0.25 + 2^2 \times 0.5 + 3^2 \times 0.25 = 4.5.$$
$$DX = EX^2 - (EX)^2 = 2.25.$$

【练习 2】【解】　设 X 表示 10 人中治愈的人数，$X \sim B(10, 0.95)$，

$$P\{X = k\} = C_{10}^k 0.95^k \cdot 0.05^{10-k}, k = 0, 1, 2, \cdots, 10.$$

故 $P\{X \geqslant 8\} = P\{X = 8\} + P\{X = 9\} + P\{X = 10\}$

$\qquad = C_{10}^8 \cdot 0.95^8 \cdot 0.05^2 + C_{10}^9 \cdot 0.95^9 \cdot 0.05 +$

$\qquad C_{10}^{10} \cdot 0.95^{10}.$

【练习 3】【解】　由题设 $X \sim B\left(8, \dfrac{2}{3}\right)$，则

$(1) P\{X = k\} = C_8^k \cdot \left(\dfrac{2}{3}\right)^k \cdot \left(\dfrac{1}{3}\right)^{8-k}, k = 0, 1, 2, \cdots, 8.$

$(2) EX = np = 8 \times \dfrac{2}{3} = \dfrac{16}{3}.$

$\qquad DX = np(1-p) = 8 \times \dfrac{2}{3} \times \left(1 - \dfrac{2}{3}\right) = \dfrac{16}{9}.$

【练习 4】【解】 设 X 表示电话交换台每分钟收到呼唤次数，则 $X \sim P(4)$，故

$$P\{X = k\} = \frac{4^k}{k!} \mathrm{e}^{-4}, k = 0, 1, 2, \cdots, n, \cdots.$$

(1) $P\{X = 8\} = \frac{4^8}{8!} \mathrm{e}^{-4} = \frac{512}{315} \mathrm{e}^{-4}$.

(2) $EX = \lambda = 4, DX = \lambda = 4$.

【练习 5】【解】

分布	分布律	EX	DX
$X \sim 0-1$	$\begin{array}{c\|cc} X & 0 & 1 \\ \hline P & 1-p & p \end{array}$	p	$p(1-p)$
$X \sim B(n, p)$	$P\{X = k\} = \mathrm{C}_n^k p^k (1-p)^{n-k},$ $k = 0, 1, 2, \cdots, n$	np	$np(1-p)$
$X \sim P(\lambda)$	$P\{X = k\} = \frac{\lambda^k}{k!} \mathrm{e}^{-\lambda},$ $k = 0, 1, 2, \cdots, n, \cdots$	λ	λ
$X \sim Ge(p)$	$P\{X = k\} = p(1-p)^{k-1},$ $k = 1, 2, \cdots, n, \cdots$	$\dfrac{1}{p}$	$\dfrac{1-p}{p^2}$

第 2 节　一维连续型随机变量及其概率密度

【练习 1】【解】 (1) 由概率密度性质，

$$\int_{-\infty}^{+\infty} f(x) \mathrm{d}x = \int_0^1 kx \, \mathrm{d}x + \int_1^2 (2-x) \mathrm{d}x$$

$$= \frac{1}{2}k + 2 - \frac{1}{2} \cdot 3 = 1 \Rightarrow k = 1.$$

(2) $P\left\{X > \dfrac{1}{2}\right\} = \displaystyle\int_{\frac{1}{2}}^{+\infty} f(x) \mathrm{d}x = \int_{\frac{1}{2}}^1 x \, \mathrm{d}x + \int_1^2 (2-x) \mathrm{d}x$

$$= \frac{3}{8} + \frac{1}{2} = \frac{7}{8}.$$

(3) $EX = \displaystyle\int_0^1 x \cdot x \, \mathrm{d}x + \int_1^2 x(2-x) \mathrm{d}x = 1.$

$$EX^2 = \int_0^1 x^2 \cdot x \, \mathrm{d}x + \int_1^2 x^2(2-x) \mathrm{d}x = \frac{7}{6}.$$

$$DX = EX^2 - (EX)^2 = \frac{1}{6}.$$

【**练习 2**】【**解**】 (1) 由概率密度性质，

$$\int_{-\infty}^{+\infty} f(x)\mathrm{d}x = \int_{-\frac{\pi}{2}}^{\frac{\pi}{2}} a\cos x\mathrm{d}x = a\sin x \Big|_{-\frac{\pi}{2}}^{\frac{\pi}{2}} = 2a = 1.$$

故 $a = \dfrac{1}{2}$.

$$(2)\, P\left\{0 < X < \frac{\pi}{4}\right\} = \int_0^{\frac{\pi}{4}} \frac{1}{2}\cos x\mathrm{d}x = \frac{1}{2}\sin x \Big|_0^{\frac{\pi}{4}} = \frac{\sqrt{2}}{4}.$$

$$(3)\, EX = \int_{-\frac{\pi}{2}}^{\frac{\pi}{2}} x \cdot \frac{1}{2}\cos x\mathrm{d}x = 0,$$

$$EX^2 = \int_{-\frac{\pi}{2}}^{\frac{\pi}{2}} x^2 \cdot \frac{1}{2}\cos x\mathrm{d}x = \int_0^{\frac{\pi}{2}} x^2 \mathrm{d}\sin x$$

$$= x^2 \sin x \Big|_0^{\frac{\pi}{2}} - \int_0^{\frac{\pi}{2}} \sin x \cdot 2x\mathrm{d}x$$

$$= \frac{\pi^2}{4} + 2\int_0^{\frac{\pi}{2}} x\mathrm{d}\cos x$$

$$= \frac{\pi^2}{4} + 2x\cos x \Big|_0^{\frac{\pi}{2}} - 2\int_0^{\frac{\pi}{2}} \cos x\mathrm{d}x$$

$$= \frac{\pi^2}{4} - 2,$$

故 $DX = EX^2 - (EX)^2 = \dfrac{\pi^2}{4} - 2.$

【**练习 3**】[难] 【**解**】 (1) 由题设，

$$P\{X > 1500\} = \int_{1500}^{+\infty} \frac{1000}{x^2}\mathrm{d}x = -\frac{1000}{x} \Big|_{1500}^{+\infty} = \frac{2}{3}.$$

$$(2)\, P\{X \geqslant 1500\} = \int_{1500}^{+\infty} \frac{1000}{x^2}\mathrm{d}x = -\frac{1000}{x} \Big|_{1500}^{+\infty} = \frac{2}{3}.$$

【**注**】 连续型随机变量 $P\{X = x_0\} = 0$.

$$(3)\, EX = \int_{-\infty}^{+\infty} xf(x)\mathrm{d}x = \int_{1000}^{+\infty} x \cdot \frac{1000}{x^2}\mathrm{d}x$$

$$= 1000\ln x \Big|_{1000}^{+\infty} = +\infty.$$

故 EX 不存在，则 DX 也不存在.

【**注**】 $\displaystyle\int_{-\infty}^{+\infty} |x| f(x)\mathrm{d}x$ 发散 $\Rightarrow EX$ 不存在.

【练习 4】【解】 由题设 $X \sim N(3, 2^2)$，则

(1) $P\{2 < X \leqslant 5\} = P\left\{\dfrac{2-3}{2} < \dfrac{X-3}{2} \leqslant \dfrac{5-3}{2}\right\}$

$$= \Phi(1) - \Phi\left(-\dfrac{1}{2}\right)$$

$$= \Phi(1) - \left[1 - \Phi\left(\dfrac{1}{2}\right)\right]$$

$$= \Phi(1) + \Phi\left(\dfrac{1}{2}\right) - 1.$$

$P\{-4 < X \leqslant 10\} = P\left\{\dfrac{-4-3}{2} < \dfrac{X-3}{2} \leqslant \dfrac{10-3}{2}\right\}$

$$= \Phi\left(\dfrac{7}{2}\right) - \Phi\left(-\dfrac{7}{2}\right)$$

$$= \Phi\left(\dfrac{7}{2}\right) - \left(1 - \Phi\left(\dfrac{7}{2}\right)\right)$$

$$= 2\Phi\left(\dfrac{7}{2}\right) - 1.$$

$P\{|X| > 2\} = 1 - P\{|X| \leqslant 2\} = 1 - P\{-2 \leqslant X \leqslant 2\}$

$$= 1 - P\left\{\dfrac{-2-3}{2} \leqslant \dfrac{X-3}{2} \leqslant \dfrac{2-3}{2}\right\}$$

$$= 1 - \left[\Phi\left(-\dfrac{1}{2}\right) - \Phi\left(-\dfrac{5}{2}\right)\right]$$

$$= 1 - \left[1 - \Phi\left(\dfrac{1}{2}\right) - \left(1 - \Phi\left(\dfrac{5}{2}\right)\right)\right]$$

$$= \Phi\left(\dfrac{1}{2}\right) - \Phi\left(\dfrac{5}{2}\right) + 1.$$

$P\{X > 3\} = 1 - P\{X \leqslant 3\} = 1 - P\left\{\dfrac{X-3}{2} \leqslant \dfrac{3-3}{2}\right\}$

$$= 1 - \Phi(0) = 1 - \dfrac{1}{2} = \dfrac{1}{2}.$$

(2) 若 $P\{X > c\} = P\{X \leqslant c\}$，且又因 $P\{X > c\} + P\{X \leqslant c\} = 1$，

故 $P\{X > c\} = P\{X \leqslant c\} = \dfrac{1}{2}$，则 $c = 3$.

第 3 节　分布函数的定义和随机变量函数的分布

【练习 1】【解】 由分布函数定义 $F(x) = P\{X \leqslant x\}$，则

当 $x < -1$ 时，$F(x) = 0$.

当 $-1 \leqslant x < 0$ 时，$F(x) = P\{X = -1\} = 0.2$.

当 $0 \leqslant x < 1$ 时,$F(x) = P\{X = -1\} + P\{X = 0\} = 0.3$.

当 $1 \leqslant x < 2$ 时,$F(x) = P\{X = -1\} + P\{X = 0\} + P\{X = 1\}$

$$= 0.6.$$

当 $x \geqslant 2$ 时,$F(x) = 1$.

故 X 的分布函数为

$$F(x) = \begin{cases} 0, & x < -1, \\ 0.2, & -1 \leqslant x < 0, \\ 0.3, & 0 \leqslant x < 1, \\ 0.6, & 1 \leqslant x < 2, \\ 1, & x \geqslant 2. \end{cases}$$

【练习 2】[难] 【解】 由题设 X 的取值为 $0, 1, 2, 3$,则 Y 的可能取值为 $0, 1$,且

$$P\{X = k\} = C_3^k \cdot 0.4^k \cdot 0.6^{3-k}, k = 0, 1, 2, 3.$$

$$P\{Y = 0\} = P\{X = 0\} + P\{X = 3\}$$

$$= C_3^0 \cdot 0.4^0 \cdot 0.6^3 + C_3^3 \cdot 0.4^3 \cdot 0.6^0 = 0.28.$$

$$P\{Y = 1\} = P\{X = 1\} + P\{X = 2\}$$

$$= C_3^1 \cdot 0.4 \cdot 0.6^2 + C_3^2 \cdot 0.4^2 \cdot 0.6 = 0.72.$$

【练习 3】 【解】 (1) 由分布函数性质,

$$F(-\infty) = \lim_{x \to -\infty} F(x) = \lim_{x \to -\infty} (a + b \arctan x)$$

$$= a + b\left(-\frac{\pi}{2}\right) = 0;$$

$$F(+\infty) = \lim_{x \to +\infty} F(x) = \lim_{x \to +\infty} (a + b \arctan x)$$

$$= a + b \cdot \frac{\pi}{2} = 1.$$

联立解得 $a = \dfrac{1}{2}, b = \dfrac{1}{\pi}$. 故 X 的分布函数为

$$F(x) = \frac{1}{2} + \frac{1}{\pi} \arctan x, -\infty < x < +\infty.$$

(2) 由(1) 结论得

$$P\{-1 < X \leqslant 1\} = F(1) - F(-1)$$

$$= \left(\frac{1}{2} + \frac{1}{\pi} \arctan 1\right) - \left(\frac{1}{2} + \frac{1}{\pi} \arctan(-1)\right)$$

$$= \frac{1}{2} + \frac{1}{\pi} \cdot \frac{\pi}{4} - \frac{1}{2} + \frac{1}{\pi} \cdot \frac{\pi}{4} = \frac{1}{2}.$$

【练习 4】【解】 由题设

$$P\{X \leqslant 2\} = F(2) = \ln 2;$$

$$P\{0 < X \leqslant 3\} = F(3) - F(0) = 1 - 0 = 1;$$

$$P\{2 < X \leqslant 2.5\} = F(2.5) - F(2) = \ln 2.5 - \ln 2 = \ln \frac{5}{4}.$$

【练习 5】【解】 由题设 $X \sim U(0,1)$,则

$$f_X(x) = \begin{cases} 1, & 0 < x < 1, \\ 0, & 其他. \end{cases}$$

(1) 由分布函数定义,

$$F_Y(y) = P\{Y \leqslant y\} = P\{-2\ln X \leqslant y\}$$

当 $y < 0$ 时,$F_Y(y) = 0$;

当 $y \geqslant 0$ 时,

$$F_Y(y) = P\{Y \leqslant y\} = P\{-2\ln X \leqslant y\}$$

$$= P\{X \geqslant e^{-\frac{y}{2}}\} = \int_{e^{-\frac{y}{2}}}^{1} 1 \mathrm{d}x$$

$$= 1 - e^{-\frac{y}{2}}.$$

故 Y 的概率密度为

$$f_Y(y) = F'_Y(y) = \begin{cases} \dfrac{1}{2} e^{-\frac{y}{2}}, & y > 0, \\ 0, & 其他. \end{cases}$$

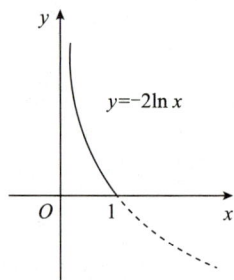

(2) 由分布函数定义

$$F_Y(y) = P\{Y \leqslant y\} = P\{3X + 1 \leqslant y\}$$

当 $y < 1$ 时,$F_Y(y) = 0$.

当 $1 \leqslant y < 4$ 时,

$$F_Y(y) = P\{Y \leqslant y\} = P\{3X + 1 \leqslant y\}$$

$$= P\left\{X \leqslant \frac{y-1}{3}\right\} = \int_0^{\frac{y-1}{3}} 1 \mathrm{d}x$$

$$= \frac{y-1}{3}.$$

当 $y \geqslant 4$ 时,$F_Y(y) = 1$.

故 Y 的概率密度为

$$f_Y(y) = F'_Y(y) = \begin{cases} \dfrac{1}{3}, & 1 < y < 4, \\ 0, & 其他. \end{cases}$$

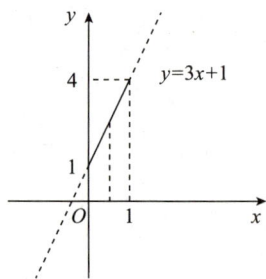

(3) 由分布函数定义

$$F_Y(y) = P\{Y \leqslant y\} = P\{e^X \leqslant y\}.$$

当 $y < 1$ 时，$F_Y(y) = 0$.

当 $1 \leqslant y < e$ 时，

$$F_Y(y) = P\{Y \leqslant y\} = P\{e^X \leqslant y\}$$

$$= P\{X \leqslant \ln y\} = \int_0^{\ln y} 1 \mathrm{d}y$$

$$= \ln y.$$

当 $y \geqslant e$ 时，$F_Y(y) = 1$.

故 Y 的概率密度为

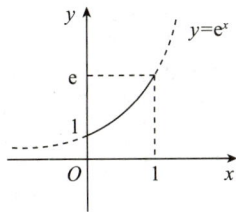

$$f_Y(y) = F_Y'(y) = \begin{cases} \dfrac{1}{y}, & 1 < y < e, \\ 0, & \text{其他}. \end{cases}$$

【练习 6】 【解】 由题设 $X \sim E(1)$，则 X 的概率密度

$$f_X(x) = \begin{cases} e^{-x}, & x > 0, \\ 0, & \text{其他}. \end{cases}$$

(1) 由分布函数定义

$$F_Y(y) = P\{Y \leqslant y\} = P\{2X + 1 \leqslant y\}.$$

当 $y < 1$ 时，$F_Y(y) = 0$.

当 $y \geqslant 1$ 时，

$$F_Y(y) = P\{Y \leqslant y\}$$

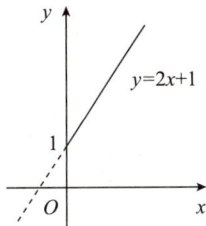

$$= P\{2X + 1 \leqslant y\} = P\left\{X \leqslant \frac{y-1}{2}\right\}$$

$$= \int_0^{\frac{y-1}{2}} e^{-x} \mathrm{d}x = -e^{-x} \Big|_0^{\frac{y-1}{2}} = 1 - e^{-\frac{y-1}{2}}.$$

故 Y 的概率密度为

$$f_Y(y) = F_Y'(y) = \begin{cases} \dfrac{1}{2} e^{-\frac{y-1}{2}}, & y > 1, \\ 0, & \text{其他}. \end{cases}$$

(2) 由分布函数定义

$$F_Y(y) = P\{Y \leqslant y\} = P\{e^X \leqslant y\}.$$

当 $y < 1$ 时，$F_Y(y) = 0$.

当 $y \geqslant 1$ 时，

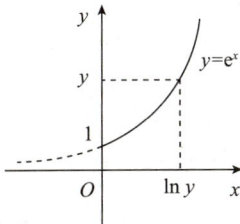

$$F_Y(y) = P\{Y \leqslant y\} = P\{e^X \leqslant y\}$$

$$= P\{X \leqslant \ln y\} = \int_0^{\ln y} e^{-x} \mathrm{d}x = -e^{-x} \Big|_0^{\ln y}$$

$$= 1 - e^{-\ln y} = 1 - \frac{1}{y}.$$

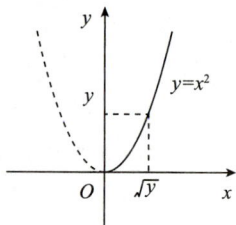

故 Y 的概率密度为

$$f_Y(y) = F_Y'(y) = \begin{cases} \dfrac{1}{y^2}, & y > 1, \\[2mm] 0, & \text{其他.} \end{cases}$$

（3）由分布函数定义

$$F_Y(y) = P\{Y \leqslant y\} = P\{X^2 \leqslant y\}.$$

当 $y < 0$ 时，$F_Y(y) = 0$；

当 $y \geqslant 0$ 时，

$$F_Y(y) = P\{Y \leqslant y\} = P\{X^2 \leqslant y\}$$

$$= P\{0 \leqslant X \leqslant \sqrt{y}\} = \int_0^{\sqrt{y}} \mathrm{e}^{-x} \mathrm{d}x$$

$$= -\mathrm{e}^{-x} \Big|_0^{\sqrt{y}} = 1 - \mathrm{e}^{-\sqrt{y}}.$$

故 Y 的概率密度为

$$f_Y(y) = F_Y'(y) = \begin{cases} \dfrac{1}{2\sqrt{y}} \mathrm{e}^{-\sqrt{y}}, & y > 0, \\[3mm] 0, & \text{其他.} \end{cases}$$

【练习 7】$^{(难)}$ 【解】 由题设 $X \sim N(\mu, \sigma^2)$，则

$$f_X(x) = \frac{1}{\sqrt{2\pi}\sigma} \mathrm{e}^{-\frac{(x-\mu)^2}{2\sigma^2}}, \quad -\infty < x < +\infty.$$

（1）由分布函数定义，

$$F_Y(y) = P\{Y \leqslant y\} = P\left\{\frac{X-\mu}{\sigma} \leqslant y\right\} = P\{X \leqslant \sigma y + \mu\}$$

$$= \int_{-\infty}^{\sigma y + \mu} \frac{1}{\sqrt{2\pi}\sigma} \mathrm{e}^{-\frac{(x-\mu)^2}{2\sigma^2}} \mathrm{d}x$$

$$\xlongequal{\frac{x-\mu}{\sigma} = t} \int_{-\infty}^{y} \frac{1}{\sqrt{2\pi}\sigma} \mathrm{e}^{-\frac{t^2}{2}} \cdot \sigma \mathrm{d}t$$

$$= \int_{-\infty}^{y} \frac{1}{\sqrt{2\pi}} \mathrm{e}^{-\frac{t^2}{2}} \mathrm{d}t,$$

故 Y 的概率密度为

$$f_Y(y) = F_Y'(y) = \frac{1}{\sqrt{2\pi}} \mathrm{e}^{-\frac{y^2}{2}}, \quad -\infty < y < +\infty.$$

（2）由分布函数定义，

$$F_Y(y) = P\{Y \leqslant y\} = P\{aX + b \leqslant y\} = P\left\{X \leqslant \frac{y-b}{a}\right\}$$

$$= \int_{-\infty}^{\frac{y-b}{a}} \frac{1}{\sqrt{2\pi}\sigma} \mathrm{e}^{-\frac{(x-\mu)^2}{2\sigma^2}} \mathrm{d}x$$

$$\xrightarrow{\frac{x-\mu}{\sigma}=t} \int_{-\infty}^{\frac{y-b-a\mu}{a\sigma}} \frac{1}{\sqrt{2\pi}\sigma} e^{-\frac{t^2}{2}} \cdot \sigma dt$$

$$= \int_{-\infty}^{\frac{y-b-a\mu}{a\sigma}} \frac{1}{\sqrt{2\pi}} e^{-\frac{t^2}{2}} dt,$$

故 Y 的概率密度为

$$f_Y(y) = F'_Y(y) = \frac{1}{\sqrt{2\pi}} e^{-\frac{(y-b-a\mu)^2}{2a^2\sigma^2}} \cdot \frac{1}{a\sigma}$$

$$= \frac{1}{\sqrt{2\pi}a\sigma} e^{-\frac{(y-a\mu-b)^2}{2a^2\sigma^2}}, -\infty < y < +\infty.$$

第 3 章　二维随机变量及其数字特征

第 1 节　二维离散型随机变量及其分布律

【练习1】【解】 由题设，

(1) $P\{X=0\} = P\{X=0,Y=1\} + P\{X=0,Y=2\} + P\{X=0,Y=3\}$
$= 0.1 + 0.1 + 0.3 = 0.5.$

(2) $P\{Y\leqslant 2\} = P\{X=0,Y=1\} + P\{X=0,Y=2\} + P\{X=1,Y=1\} + P\{X=1,Y=2\}$
$= 0.1 + 0.1 + 0.25 + 0 = 0.45.$

(3) $P\{X<1,Y\leqslant 2\} = P\{X=0,Y=1\} + P\{X=0,Y=2\}$
$= 0.1 + 0.1 = 0.2.$

(4) $P\{X+Y=2\} = P\{X=0,Y=2\} + P\{X=1,Y=1\}$
$= 0.1 + 0.25 = 0.35.$

【练习2】【解】 (1) 由分布律性质

$\frac{1}{3} + \frac{a}{6} + \frac{1}{4} + 0 + \frac{1}{4} + a^2 = 1 \Rightarrow a = -\frac{1}{2}(舍), a = \frac{1}{3}.$

(2)

X＼Y	−1	0	2	$p_{\cdot j}$
0	$\frac{1}{3}$	$\frac{1}{18}$	$\frac{1}{4}$	$\frac{23}{36}$
1	0	$\frac{1}{4}$	$\frac{1}{9}$	$\frac{13}{36}$
$p_{i\cdot}$	$\frac{1}{3}$	$\frac{11}{36}$	$\frac{13}{36}$	

由于 $P\{X=0, Y=-1\} \neq P\{X=0\} \cdot P\{Y=-1\}$，

故 X 与 Y 不独立.

（3）由（2）结论得

X	0	1
P	$\frac{23}{36}$	$\frac{13}{36}$

Y	-1	0	2
P	$\frac{1}{3}$	$\frac{11}{36}$	$\frac{13}{36}$

$EX = \dfrac{13}{36}, DX = \dfrac{13}{36} \times \dfrac{23}{36} = \dfrac{299}{1296}$.

$EY = -\dfrac{1}{3} + \dfrac{13}{18} = \dfrac{7}{18}, EY^2 = \dfrac{1}{3} + \dfrac{52}{36} = \dfrac{16}{9}$.

$DY = EY^2 - (EY)^2 = \dfrac{16}{9} - \left(\dfrac{7}{18}\right)^2 = \dfrac{527}{324}$.

$E(XY) = 2 \times 1 \times \dfrac{1}{9} = \dfrac{2}{9}$.

$\mathrm{Cov}(X, Y) = E(XY) - EX \cdot EY = \dfrac{53}{648}$.

$\rho_{XY} = \dfrac{\mathrm{Cov}(X, Y)}{\sqrt{DX} \cdot \sqrt{DY}} = \dfrac{\dfrac{53}{648}}{\dfrac{\sqrt{299}}{36} \cdot \dfrac{\sqrt{527}}{18}} = \dfrac{53}{\sqrt{157573}}$.

【练习3】【解】（1）由题设可知，

$P\{X=1, Y=1\} = P\{X=1\}P\{Y=1 \mid X=1\} = \dfrac{1}{3} \times 1 = \dfrac{1}{3}$,

$P\{X=2, Y=1\} = P\{X=2\}P\{Y=1 \mid X=2\} = \dfrac{1}{3} \times \dfrac{1}{2} = \dfrac{1}{6}$,

$P\{X=2, Y=2\} = P\{X=2\}P\{Y=2 \mid X=2\} = \dfrac{1}{3} \times \dfrac{1}{2} = \dfrac{1}{6}$,

$P\{X=3, Y=1\} = P\{X=3\}P\{Y=1 \mid X=3\} = \dfrac{1}{3} \times \dfrac{1}{3} = \dfrac{1}{9}$,

$P\{X=3, Y=2\} = P\{X=3\}P\{Y=2 \mid X=3\} = \dfrac{1}{3} \times \dfrac{1}{3} = \dfrac{1}{9}$,

$P\{X=3, Y=3\} = P\{X=3\}P\{Y=3 \mid X=3\} = \dfrac{1}{3} \times \dfrac{1}{3} = \dfrac{1}{9}$.

X \ Y	1	2	3
1	$\frac{1}{3}$	0	0
2	$\frac{1}{6}$	$\frac{1}{6}$	0
3	$\frac{1}{9}$	$\frac{1}{9}$	$\frac{1}{9}$

(2)

X	1	2	3
P	$\frac{1}{3}$	$\frac{1}{3}$	$\frac{1}{3}$

Y	1	2	3
P	$\frac{11}{18}$	$\frac{5}{18}$	$\frac{1}{9}$

【练习 4】【解】（1）由题设，

$$P\{X=0,Y=0\}=P\{X=0\}P\{Y=0\mid X=0\}=\frac{3}{5}\times\frac{3}{5}=\frac{9}{25},$$

$$P\{X=0,Y=1\}=P\{X=0\}P\{Y=0\mid X=0\}=\frac{3}{5}\times\frac{2}{5}=\frac{6}{25},$$

$$P\{X=1,Y=0\}=P\{X=1\}P\{Y=0\mid X=1\}=\frac{2}{5}\times\frac{3}{5}=\frac{6}{25},$$

$$P\{X=1,Y=1\}=P\{X=1\}P\{Y=1\mid X=1\}=\frac{2}{5}\times\frac{2}{5}=\frac{4}{25}.$$

X \ Y	0	1	$p._{j}$
0	$\frac{9}{25}$	$\frac{6}{25}$	$\frac{3}{5}$
1	$\frac{6}{25}$	$\frac{4}{25}$	$\frac{2}{5}$
$p_{i.}$	$\frac{3}{5}$	$\frac{2}{5}$	

验证 $\forall i,j$ 有 $p_{ij}=p_{i.}\cdot p._{j}\Rightarrow X$ 与 Y 独立.

X	0	1
P	$\frac{3}{5}$	$\frac{2}{5}$

Y	0	1
P	$\frac{3}{5}$	$\frac{2}{5}$

$$EX=\frac{2}{5},DX=\frac{6}{25};EY=\frac{2}{5},DY=\frac{6}{25}.$$

$$E(XY)=1\times1\times\frac{4}{25}=\frac{4}{25},$$

$$\mathrm{Cov}(X,Y)=E(XY)-EX\cdot EY=0,$$

$$\rho_{XY}=\frac{\mathrm{Cov}(X,Y)}{\sqrt{DX}\cdot\sqrt{DY}}=0.$$

（2）$P\{X=0,Y=0\}=P\{X=0\}P\{Y=0\mid X=0\}$

$$=\frac{3}{5}\times\frac{2}{4}=\frac{3}{10},$$

$P\{X=0,Y=1\}=P\{X=0\}P\{Y=0\mid X=0\}$

$$=\frac{3}{5}\times\frac{2}{4}=\frac{3}{10},$$

$P\{X=1,Y=0\}=P\{X=1\}P\{Y=0\mid X=1\}$

$$= \frac{2}{5} \times \frac{3}{4} = \frac{3}{10},$$

$$P\{X=1, Y=1\} = P\{X=1\}P\{Y=1 \mid X=1\}$$

$$= \frac{2}{5} \times \frac{1}{4} = \frac{1}{10}.$$

Y X	0	1	$p_{\cdot j}$
0	$\frac{3}{10}$	$\frac{3}{10}$	$\frac{3}{5}$
1	$\frac{3}{10}$	$\frac{1}{10}$	$\frac{2}{5}$
$p_{i \cdot}$	$\frac{3}{5}$	$\frac{2}{5}$	

$$P\{X=0, Y=0\} \neq P\{X=0\}P\{Y=0\} \Rightarrow X \text{ 与 } Y \text{ 不独立}.$$

X	0	1
P	$\frac{3}{5}$	$\frac{2}{5}$

Y	0	1
P	$\frac{3}{5}$	$\frac{2}{5}$

$$EX = \frac{2}{5}, DX = \frac{6}{25}; EY = \frac{2}{5}, DY = \frac{6}{25};$$

$$E(XY) = 1 \times 1 \times \frac{1}{10} = \frac{1}{10}.$$

$$\mathrm{Cov}(X, Y) = E(XY) - EX \cdot EY = -\frac{3}{50}.$$

$$\rho_{XY} = \frac{\mathrm{Cov}(X, Y)}{\sqrt{DX} \cdot \sqrt{DY}} = \frac{-\dfrac{3}{50}}{\dfrac{\sqrt{6}}{5} \cdot \dfrac{\sqrt{6}}{5}} = -\frac{1}{4}.$$

【练习 5】【解】(1) 由题设 $P\{X^2 = Y^2\} = 1$, 则

$$P\{X=0, Y=-1\} = P\{X=0, Y=1\} = P\{X=1, Y=0\}$$

$$= 0.$$

故由边缘概率得

$$P\{X=0, Y=0\} = \frac{1}{3},$$

$$P\{X=1, Y=-1\} = \frac{1}{3},$$

$$P\{X=1, Y=1\} = \frac{1}{3}.$$

Y X	-1	0	1	
0	0	$\frac{1}{3}$	0	$\frac{1}{3}$
1	$\frac{1}{3}$	0	$\frac{1}{3}$	$\frac{2}{3}$
	$\frac{1}{3}$	$\frac{1}{3}$	$\frac{1}{3}$	

(2)$Z = XY$ 取值为 $-1,0,1$,故

$Z = XY$	-1	0	1
P	$\dfrac{1}{3}$	$\dfrac{1}{3}$	$\dfrac{1}{3}$

.

(3) $EZ = E(XY) = -1 \times \dfrac{1}{3} + 0 \times \dfrac{1}{3} + 1 \times \dfrac{1}{3} = 0$,

$$EX = \frac{2}{3}, DX = \frac{2}{3} \times \frac{1}{3} = \frac{2}{9},$$

$$EY = 0, EY^2 = (-1)^2 \times \frac{1}{3} + 0^2 \times \frac{1}{3} + 1^2 \times \frac{1}{3} = \frac{2}{3},$$

$$DY = EY^2 - (EY)^2 = \frac{2}{3} - (0)^2 = \frac{2}{3},$$

$$\mathrm{Cov}(X,Y) = E(XY) - EX \cdot EY = 0 - \frac{2}{3} \times 0 = 0,$$

$$\rho_{XY} = \frac{\mathrm{Cov}(X,Y)}{\sqrt{DX} \cdot \sqrt{DY}} = 0.$$

【练习 6】[难] **【解】** 由题设可知,

$$P\{X = 0, X + Y = 1\} = P\{X = 0\} \cdot P\{X + Y = 1\},$$

则 $P\{X = 0, Y = 1\} = P\{X = 0\} \cdot P\{X + Y = 1\}$.

又由于 $\begin{cases} a = (0.4 + a) \cdot (a + b), \\ 0.4 + a + b + 0.1 = 1. \end{cases}$

联立解得 $a = 0.4, b = 0.1$,选(B).

第 2 节 二维连续型随机变量及其联合概率密度

【练习 1】 **【解】** (1) 由题设可知,

当 $|X| \geqslant 1$ 时,$f_X(x) = 0$.

当 $|X| < 1$ 时,

$$f_X(x) = \int_{-\infty}^{+\infty} f(x,y)\mathrm{d}y$$

$$= \int_{-1}^{1} \frac{1 + xy}{4}\mathrm{d}y = \frac{1}{2}.$$

故 X 的边缘概率密度为

$$f_X(x) = \begin{cases} \dfrac{1}{2}, & |x| < 1, \\ 0, & \text{其他}. \end{cases}$$

同理 Y 的边缘概率密度为

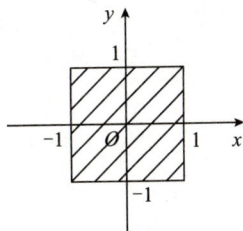

$$f_Y(y) = \begin{cases} \dfrac{1}{2}, & |y| < 1, \\ 0, & \text{其他}. \end{cases}$$

$(2) f(x,y) \neq f_X(x) \cdot f_Y(y) \Rightarrow X$ 与 Y 不独立.

【练习 2】(难)　【解】　(1) 由题设

$$f(x,y) = f_X(x) \cdot f_{Y|X}(y|x) = \begin{cases} \dfrac{9y^2}{x}, & 0 < y < x < 1, \\ 0, & \text{其他}. \end{cases}$$

(2) 当 $y \leqslant 0$ 时，$f_Y(y) = 0$.

当 $0 < y < 1$ 时，

$$f_Y(y) = \int_y^1 \frac{9y^2}{x} \mathrm{d}x = -9y^2 \ln y.$$

当 $y \geqslant 1$ 时，$f_Y(y) = 0$.

$(3) P\{X > 2Y\} = \int_0^1 \mathrm{d}x \int_0^{\frac{x}{2}} \frac{9y^2}{x} \mathrm{d}y$

$$= \int_0^1 \frac{3}{x} \cdot \left(\frac{x}{2}\right)^3 \mathrm{d}x$$

$$= \int_0^1 \frac{3}{8} x^2 \mathrm{d}x$$

$$= \frac{1}{8} x^3 \Big|_0^1 = \frac{1}{8}.$$

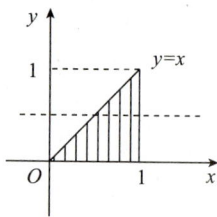

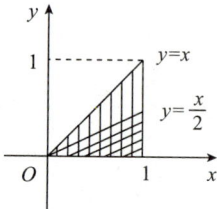

【练习 3】(难)　【解】　(1) 由题设，区域 D 面积为

$$S_D = \int_{-1}^1 (1 - x^2) \mathrm{d}x = \frac{4}{3}.$$

故 (X, Y) 的联合概率密度为

$$f(x,y) = \begin{cases} \dfrac{3}{4}, & (x,y) \in D, \\ 0, & \text{其他}. \end{cases}$$

(2) X 的边缘概率密度，

当 $|X| \geqslant 1$ 时，$f_X(x) = 0$；

当 $|X| < 1$ 时，$f_X(x) = \int_0^{1-x^2} \dfrac{3}{4} \mathrm{d}y = \dfrac{3}{4}(1 - x^2)$.

故 X 的边缘概率密度为

$$f_X(x) = \begin{cases} \dfrac{3}{4}(1 - x^2), & |x| < 1, \\ 0, & \text{其他}. \end{cases}$$

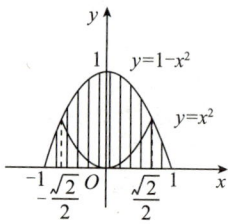

Y 的边缘概率密度

当 $y \leqslant 0$ 或 $y \geqslant 1$ 时,$f_Y(y) = 0$,

当 $0 < y < 1$ 时,$f_Y(y) = \int_{-\sqrt{1-y}}^{\sqrt{1-y}} \frac{3}{4} \mathrm{d}x = \frac{3}{2}\sqrt{1-y}$.

故 Y 的边缘概率密度为

$$f_Y(y) = \begin{cases} \dfrac{3}{2}\sqrt{1-y}, & 0 < y < 1, \\ 0, & \text{其他}. \end{cases}$$

$$(3)\, P\{(x,y) \in B\} = \int_{-\frac{\sqrt{2}}{2}}^{\frac{\sqrt{2}}{2}} \mathrm{d}x \int_{x^2}^{1-x^2} \frac{3}{4} \mathrm{d}y$$

$$= \int_{-\frac{\sqrt{2}}{2}}^{\frac{\sqrt{2}}{2}} \frac{3}{4}(1 - 2x^2)\mathrm{d}x$$

$$= \frac{3}{2} \int_0^{\frac{\sqrt{2}}{2}} (1 - 2x^2)\mathrm{d}x$$

$$= \frac{\sqrt{2}}{2}.$$

第 4 章　大数定律及中心极限定理

大数定律及中心极限定理

【练习 1】【解】　由切比雪夫不等式

$$P\{-4 < X < 2\} = P\{-3 < X + 1 < 3\}$$

$$= P\{|X+1| < 3\} \geqslant 1 - \frac{DX}{3^2}$$

$$= 1 - \frac{4}{9} = \frac{5}{9}.$$

【练习 2】【解】　由题设 $X \sim U(0,1)$,则 $EX = \dfrac{1}{2}$,$DX = \dfrac{1}{12}$,

根据切比雪夫不等式

$$P\left\{\left|X - \frac{1}{2}\right| \geqslant \frac{1}{\sqrt{3}}\right\} \leqslant \frac{DX}{\left(\frac{1}{\sqrt{3}}\right)^2} = \frac{\frac{1}{12}}{\frac{1}{3}} = \frac{1}{4}.$$

【练习 3】(难)　【解】　由题设 $EX = -2$,$EY = 2$,$DX = 1$,$DY = 4$,$\rho = -0.5$,则

$$E(X+Y) = EX + EY = -2 + 2 = 0;$$

$$D(X+Y) = DX + DY + 2\text{Cov}(X,Y)$$

$$= DX + DY + 2\rho \cdot \sqrt{DX} \cdot \sqrt{DY}$$

$$= 1 + 4 + 2 \times (-0.5) \times 1 \times 2 = 3.$$

$$P\{|X+Y| \geqslant 6\} \leqslant \frac{D(X+Y)}{6^2} = \frac{3}{36} = \frac{1}{12}.$$

【练习4】【解】 由题设 $EX_i = p, DX_i = p(1-p)$,则

$$EY_n = E\left(\sum_{i=1}^{n} X_i\right) = \sum_{i=1}^{n} EX_i = np;$$

$$DY_n = D\left(\sum_{i=1}^{n} X_i\right) \xlongequal{\text{独立}} \sum_{i=1}^{n} DX_i = np(1-p).$$

由中心极限定理

$$\lim_{n \to \infty} P\left\{\frac{Y_n - np}{\sqrt{np(1-p)}} \leqslant 1\right\} = \Phi(1),$$

选(B).

【练习5】【解】 由题设 $X_i \sim E\left(\frac{1}{2}\right)$,则 $EX_i = 2, DX_i = 4.$

根据中心极限定理,Y_n 服从正态分布,则

$$EY_n = E\left(\frac{1}{n}\sum_{i=1}^{n} X_i\right) = \frac{1}{n}\sum_{i=1}^{n} EX_i = \frac{1}{n}n \cdot 2 = 2,$$

$$DY_n = D\left(\frac{1}{n}\sum_{i=1}^{n} X_i\right) \xlongequal{\text{独立}} \frac{1}{n^2}\sum_{i=1}^{n} DX_i = \frac{1}{n^2} \cdot n \cdot 4 = \frac{4}{n},$$

故 $Y_n \sim N\left(2, \frac{4}{n}\right)$,选(B).

第 5 章   统计初步

三大分布及正态分布的抽样分布

【练习1】【解】 由题设 X_1, X_2 相互独立,则 $X_1 - X_2$ 服从正态分布,且

$$E(X_1 - X_2) = EX_1 - EX_2 = 0 - 0 = 0,$$

$$D(X_1 - X_2) = DX_1 + DX_2 = \sigma^2 + \sigma^2 = 2\sigma^2.$$

故 $X_1 - X_2 \sim N(0, 2\sigma^2)$,则 $\dfrac{X_1 - X_2}{\sqrt{2}\sigma} \sim N(0,1),$

又由于 $X_3 \sim N(0, \sigma^2)$，则 $\dfrac{X_3}{\sigma} \sim N(0,1)$，$\dfrac{X_3^2}{\sigma^2} \sim \chi^2(1)$，

故 $S = \dfrac{X_1 - X_2}{\sqrt{2} \mid X_3 \mid} = \dfrac{\dfrac{X_1 - X_2}{\sqrt{2}\sigma}}{\sqrt{\dfrac{X_3^2}{\sigma^2} \Big/ 1}} \sim t(1)$，选(C).

【练习 2】【解】 由题设 X_1, X_2, X_3, X_4 是相互独立的且服从正态分布，则 $X_1 - X_2, X_3 + X_4$ 服从正态分布，且

$$E(X_1 - X_2) = EX_1 - EX_2 = 1 - 1 = 0,$$
$$D(X_1 - X_2) = DX_1 + DX_2 = \sigma^2 + \sigma^2 = 2\sigma^2.$$

故 $X_1 - X_2 \sim N(0, 2\sigma^2)$，则 $\dfrac{X_1 - X_2}{\sqrt{2}\sigma} \sim N(0,1)$.

$$E(X_3 + X_4) = EX_3 + EX_4 = 1 + 1 = 2,$$
$$D(X_3 + X_4) = DX_3 + DX_4 = \sigma^2 + \sigma^2 = 2\sigma^2.$$

故 $X_3 + X_4 \sim N(2, 2\sigma^2)$，则 $\left(\dfrac{X_3 + X_4 - 2}{\sqrt{2}\sigma}\right)^2 \sim \chi^2(1)$，

$$\dfrac{X_1 - X_2}{\mid X_3 + X_3 - 2 \mid} = \dfrac{\dfrac{X_1 - X_2}{\sqrt{2}\sigma}}{\sqrt{\left(\dfrac{X_3 + X_4 - 2}{\sqrt{2}\sigma}\right)^2 \Big/ 1}} \sim t(1).$$

综上选(B).

【练习 3】[难] **【解】** 由于 $X \sim t(n)$，则 $X^2 \sim F(1, n)$，故

$$P\{Y > c^2\} = P\{X^2 > c^2\} = P\{X > c\} + P\{X < -c\}$$
$$= \alpha + \alpha = 2\alpha,$$

选(C).

【练习 4】[难] **【解】** 由题设 $X \sim N(0,1)$，根据正态抽样分布得

$$X_1^2 \sim \chi^2(1); \quad \sum_{i=2}^{n} X_i^2 = X_2^2 + \cdots + X_n^2 \sim \chi^2(n-1),$$

$$\dfrac{X_1^2 / 1}{\sum\limits_{i=2}^{n} X_i^2 \Big/ n - 1} = \dfrac{(n-1)X_1^2}{\sum\limits_{i=2}^{n} X_i^2} \sim F(1, n-1),$$

选(D).

第 6 章　点估计

第 1 节　矩估计和似然估计（一）

【练习 1】【解】　(1) 由题设

$$EX = \int_{-\infty}^{+\infty} x f(x) \mathrm{d}x = \int_0^1 x \cdot (\theta+1) x^\theta \mathrm{d}x$$

$$= \frac{\theta+1}{\theta+2} x^{\theta+2} \Big|_0^1 = \frac{\theta+1}{\theta+2}.$$

由矩估计原理，令 $\overline{X} = EX = \dfrac{\theta+1}{\theta+2}$，得 $\theta = \dfrac{2\overline{X}-1}{1-\overline{X}}$.

故 θ 的矩估计量为 $\hat\theta = \dfrac{2\overline{X}-1}{1-\overline{X}}$.

(2) 设 $x_1, x_2, \cdots, x_n$ 为样本观测值，则联合概率密度为

$$L(\theta) = \prod_{i=1}^n f(x_i) = \begin{cases} (\theta+1)^n (x_1 \cdots x_n)^\theta, & 0 < x_i < 1, \\ 0, & \text{其他}. \end{cases}$$

取对数 $\ln L(\theta) = n\ln(\theta+1) + \theta \sum_{i=1}^n \ln x_i$,

求导　　　　　$\dfrac{\mathrm{d}\ln L(\theta)}{\mathrm{d}\theta} = \dfrac{n}{\theta+1} + \sum_{i=1}^n \ln x_i = 0$,

解得　　　　　$\theta = -\dfrac{n}{\sum_{i=1}^n \ln x_i} - 1$.

故 θ 的最大似然估计量为 $\hat\theta = -\dfrac{n}{\sum_{i=1}^n \ln X_i} - 1$.

【练习 2】【解】　设 $x_1, x_2, \cdots, x_n$ 为样本观测值，联合概率密度为

$$L(\lambda) = \prod_{i=1}^n f(x_i, \lambda) = \begin{cases} \lambda^n a^n (x_1 \cdots x_n)^{a-1} \mathrm{e}^{-\lambda \sum_{i=1}^n x_i^a}, & x_i > 0, \\ 0, & \text{其他}. \end{cases}$$

取对数

$$\ln L(\lambda) = n\ln \lambda + n\ln a + (a-1) \sum_{i=1}^n \ln x_i - \lambda \sum_{i=1}^n x_i^a$$

求导得　　　　　$\dfrac{\mathrm{d}\ln L(\lambda)}{\mathrm{d}\lambda} = \dfrac{n}{\lambda} - \sum_{i=1}^n x_i^a = 0$,

解得　　　　　$\lambda = \dfrac{n}{\sum_{i=1}^n x_i^a}$.

故 λ 的最大似然估计量 $\hat{\lambda} = \dfrac{n}{\displaystyle\sum_{i=1}^{n} X_i^a}$.

【练习3】【解】　(1) 由题设

$$EX = \int_{-\infty}^{+\infty} x f(x;\theta)\mathrm{d}x = \int_0^1 x \cdot \sqrt{\theta} x^{\sqrt{\theta}-1}\mathrm{d}x$$

$$= \frac{\sqrt{\theta}}{\sqrt{\theta}+1} x^{\sqrt{\theta}+1} \Big|_0^1 = \frac{\sqrt{\theta}}{\sqrt{\theta}+1}.$$

由矩估计原理，令 $\overline{X} = EX = \dfrac{\sqrt{\theta}}{\sqrt{\theta}+1}$，得 $\theta = \left(\dfrac{\overline{X}}{1-\overline{X}}\right)^2$.

由 θ 的矩估计量 $\hat{\theta} = \left(\dfrac{\overline{X}}{1-\overline{X}}\right)^2$.

(2) 设 $x_1, x_2, \cdots, x_n$ 为样本观测值，联合概率密度为

$$L(\theta) = \prod_{i=1}^n f(x_i;\theta) = \begin{cases} \theta^{\frac{n}{2}}(x_1 \cdots x_n)^{\sqrt{\theta}-1}, & 0 < x_i < 1, \\ 0, & \text{其他}. \end{cases}$$

取对数　　$\ln L(\theta) = \dfrac{n}{2}\ln\theta + (\sqrt{\theta}-1)\displaystyle\sum_{i=1}^n \ln x_i.$

求导得　　$\dfrac{\mathrm{d}\ln L(\theta)}{\mathrm{d}\theta} = \dfrac{n}{2\theta} + \dfrac{1}{2\sqrt{\theta}}\displaystyle\sum_{i=1}^n \ln x_i = 0.$

解得　　$\theta = \left(\dfrac{n}{-\displaystyle\sum_{i=1}^n \ln x_i}\right)^2.$

故 θ 的最大似然估计量为 $\hat{\theta} = \left(\dfrac{n}{\displaystyle\sum_{i=1}^n \ln X_i}\right)^2.$

第 2 节　矩估计和似然估计(二)

【练习1】【解】　由题设

$$EX = \int_{-\infty}^{+\infty} x f(x)\mathrm{d}x = \int_{-\infty}^{+\infty} x \cdot \frac{1}{2\theta} \mathrm{e}^{-\frac{|x|}{\theta}}\mathrm{d}x = 0,$$

$$EX^2 = \int_{-\infty}^{+\infty} x^2 f(x)\mathrm{d}x = \int_{-\infty}^{+\infty} x^2 \cdot \frac{1}{2\theta}\mathrm{e}^{-\frac{|x|}{\theta}}\mathrm{d}x$$

$$= \int_0^{+\infty} x^2 \cdot \frac{1}{\theta}\mathrm{e}^{-\frac{x}{\theta}}\mathrm{d}x = 2\theta^2.$$

由矩估计原理，令 $\dfrac{1}{n}\displaystyle\sum_{i=1}^n X_i^2 = 2\theta^2$，得 $\theta = \sqrt{\dfrac{1}{2n}\displaystyle\sum_{i=1}^n X_i^2}$，

故 θ 的矩估计量 $\hat{\theta} = \sqrt{\dfrac{1}{2n}\sum_{i=1}^{n}X_i^2}$.

【练习 2】 【解】 设 $x_1,x_2,\cdots,x_n$ 为样本观测值,联合概率密度为

$$L(\theta) = \prod_{i=1}^{n} f(x_i;\theta) = \begin{cases} \dfrac{1}{(1-\theta)^n}, & \theta \leqslant x_i \leqslant 1, \\ 0, & \text{其他.} \end{cases}$$

取对数 $\qquad\qquad \ln L(\theta) = -n\ln(1-\theta),$

求导数 $\qquad\qquad \dfrac{\mathrm{d}\ln L(\theta)}{\mathrm{d}\theta} = \dfrac{n}{1-\theta} > 0.$

$$\theta \leqslant x_1 \leqslant 1, \theta \leqslant x_2 \leqslant 1, \cdots, \theta \leqslant x_2 \leqslant 1.$$

又由于 $\theta \leqslant \min\limits_{1\leqslant i\leqslant n}\{x_i\}$,根据最大似然估计原理得 θ 的最大似然估计量 $\hat{\theta} = \min\limits_{1\leqslant i\leqslant n}\{X_i\}$.

作者寄语

格局不够,纠结的都是鸡毛蒜皮。愿你熬过万丈孤苦,藏下星辰大海。半山腰总是最拥挤的,你得去山顶看看。 薛威

亲爱的同学:

翻到这一页,恭喜你顺利完成了这本书的学习。你的坚持和努力令人敬佩,相信这些付出终将带来丰硕的成果。

考研是一段艰辛但充实的旅程,希望你继续保持信心和毅力。

祝愿你在考研中取得优异成绩,实现心中的梦想,成功上岸,加油!

金榜时代图书·书目

书名	作者	预计上市时间
考研数学系列		
高等数学·基础篇	武忠祥	2025年8月
考研数学复习全书·基础篇·线性代数基础	李永乐	2025年8月
考研数学复习全书·基础篇·高等数学基础	薛威	2025年10月
考研数学复习全书·基础篇·概率论与数理统计基础	王式安	2025年8月
线性代数·基础篇	宋浩等	2025年10月
概率论与数理统计·基础篇	薛威	2025年10月
数学基础过关660题(数学一/二/三)	李永乐等	2025年8月
考研数学真题真刷基础篇·考点分类详解版(数学一/二/三)	李永乐等	2025年8月
考研数学零基础29堂课·高等数学分册	小侯七	2025年8月
考研数学零基础29堂课·线性代数分册	小侯七	2025年8月
考研数学零基础29堂课·概率论与数理统计分册	小侯七	2025年8月
考研数学公式定理醒脑记忆手册	小侯七	2025年10月
考研数学上岸模测大小卷	章纪民	2025年12月
考研数学真题真刷提高篇·考点分类详解版(数学一/二/三)	李永乐等	2026年3月
数学强化通关330题(数学一/二/三)	李永乐等	2025年12月
高等数学辅导讲义	刘喜波	2026年2月
数学基础过关660题·二刷乱序版(数学一/二/三)	李永乐等	2025年12月
数学强化通关330题·二刷乱序版(数学一/二/三)	李永乐等	2025年12月
考研数学计算能力三遍过	薛威	2026年2月
高等数学辅导讲义	武忠祥	2026年3月
线性代数辅导讲义	李永乐	2026年3月
概率论与数理统计辅导讲义	王式安	2026年3月
数学决胜冲刺6套卷(数学一/二/三)	李永乐等	2026年9月
数学临阵磨枪(数学一/二/三)	李永乐等	2026年10月
考研数学最后3套卷·名校冲刺版(数学一/二/三)	武忠祥 刘喜波 宋浩等	2026年10月
考研数学最后3套卷·过线急救版(数学一/二/三)	武忠祥 刘喜波 宋浩等	2026年10月
农学门类联考数学复习全书	李永乐等	2026年4月
考研数学真题真刷(数学一/二/三)	金榜时代考研数学命题研究组	2026年4月
高等数学考研高分领跑计划(十七堂课)	武忠祥	2026年7月
线性代数考研高分领跑计划(九堂课)	宋浩	2026年7月
概率论与数理统计考研高分领跑计划(七堂课)	薛威	2026年7月
线性代数强化七堂课	黄先开	2026年7月
高等数学解题密码·选填题	武忠祥	2026年7月
高等数学解题密码·解答题	武忠祥	2026年7月
考研启蒙师	金榜时代教研中心	2024年8月

大学数学系列		
大学数学期末考试一遍过:高等数学(上)	宋浩	2025 年 9 月
大学数学期末考试一遍过:线性代数	宋浩	2025 年 9 月
大学数学期末考试一遍过:高等数学(下)	宋浩	2025 年 9 月
大学数学期末考试一遍过:概率论	宋浩	2025 年 9 月
大学数学期末考试一遍过:统计学	宋浩	2025 年 9 月
大学数学线性代数精讲精练	李永乐	2026 年 1 月
大学数学高等数学精讲精练	武忠祥等	2026 年 3 月

考研英语系列		
考研词汇速记铭心	金榜时代考研英语教研中心	已上市
考研英语(一/二)真题真刷·详解版(一 2009—2013)	金榜时代考研英语教研中心	已上市
考研英语(一/二)真题真刷·详解版(二 2014—2018)	金榜时代考研英语教研中心	已上市
考研英语(一/二)真题真刷·详解版(三 2019—2024)	金榜时代考研英语教研中心	已上市
考研英语(一/二)真题真刷·详解版(四 2025)	金榜时代英语教研中心	已上市
考研英语(一/二)真题真刷	金榜时代考研英语教研中心	已上市
英语美文阅读 60 篇·晨读	金榜时代英语教研中心	已上市
英语时文阅读 60 篇·夜读	金榜时代英语教研中心	已上市
考研英语通透写作	薛非	已上市

英语四六级系列		
大学英语四级真题真刷	金榜时代英语教研中心	已上市
大学英语六级真题真刷	金榜时代英语教研中心	已上市

考研专业课系列		
计算机组成原理精深解读	研芝士计算机考研命题研究中心	已上市
计算机网络精深解读	研芝士计算机考研命题研究中心	已上市
数据结构精深解读	研芝士计算机考研命题研究中心	已上市
计算机操作系统精深解读	研芝士计算机考研命题研究中心	已上市
计算机操作系统摘星题库	研芝士计算机考研命题研究中心	已上市
计算机网络摘星题库	研芝士计算机考研命题研究中心	已上市
数据结构摘星题库	研芝士计算机考研命题研究中心	已上市
计算机组成原理摘星题库	研芝士计算机考研命题研究中心	已上市
计算机考研 408 历年真题	研芝士计算机考研命题研究中心	已上市
311 教育学考研真题真刷	金榜时代考研教研中心	2025 年 3 月
心理学考研真题真刷	金榜时代考研教研中心	2025 年 5 月
历史学考研真题真刷	金榜时代考研教研中心	2025 年 5 月
经济类综合能力真题真刷(396)	金榜时代考研命题研究组	2026 年 5 月

管理类联考系列		
管理类联考综合真题真刷	金榜时代考研命题研究组	已上市
管理类联考综合能力数学真题大全	张紫潮	已上市
管理类联考综合能力数学学习指南	张紫潮	已上市

以上图书书名及预计上市时间仅供参考,以实际出版物为准,均属金榜时代(北京)教育科技有限公司!